基于混合模型的地下水埋深时空预测研究

——以民勤绿洲为例

张仲荣　闫浩文　著

科学出版社

北　京

内 容 简 介

本书以民勤绿洲地下水埋深时空预测为例，介绍了时空预测研究中常遇到的缺失数据修复、多序列预测、时空插值三大问题的最新混合建模成果，是时空数据分析与建模的新尝试。

本书是关于地下水埋深时空动态变化研究的论著，主要介绍地下水埋深空间分布预测的统计代理方法。模拟精度问题是基于代理模型的时空预测研究中一个非常重要问题。构建混合模型是提升时空预测精度的有效策略，基于时空统计理论、人工智能、机器学习的混合建模是当前研究的热点。

本书具有较强的理论性、系统性和实践性，可作为水文水资源、生态环境、水文地质等专业的本科生、研究生的教学参考书，也可供水文水资源及相关领域的科学人员参考。

图书在版编目(CIP)数据

基于混合模型的地下水埋深时空预测研究：以民勤绿洲为例/张仲荣，闫浩文著．—北京：科学出版社．2019．4

ISBN 978-7-03-060862-8

Ⅰ. ①基… Ⅱ. ①张… ②闫… Ⅲ. ①地下水-预测-研究 Ⅳ. ①P641.2

中国版本图书馆 CIP 数据核字（2019）第 049304 号

责任编辑：刘浩旻 韩 鹏 姜德君／责任校对：张小霞

责任印制：吴兆东／封面设计：铭轩堂

科学出版社 出版

北京东黄城根北街 16 号

邮政编码：100717

http://www.sciencep.com

北京中石油彩色印刷有限责任公司 印刷

科学出版社发行 各地新华书店经销

*

2019 年 4 月第 一 版 开本：720×1000 B5

2019 年 4 月第一次印刷 印张：10 插页：2

字数：200 000

定价：98.00 元

（如有印装质量问题，我社负责调换）

前　　言

民勤绿洲自然条件恶劣，水资源匮乏，生态环境脆弱。近几十年来，地下水系统功能严重退化，生态环境问题频发。如何以民勤绿洲为典型区域，科学、准确、及时地掌握干旱、半干旱区域内水资源量成为该类地区水资源研究中的一个关键问题。

区域地下水埋深是随地点和时间的变化而变化的时空变量，区域地下水埋深时空预测的目的是揭示未来地下水空间分布及其随时间的动态变化规律，为未来动态人工模拟提供依据。

时空数据分析为区域地下水埋深时空预测代理模型的构建提供了重要的理论支持。时空预测是区域变量时空数据分析的基本问题，近年来，已经成为国内外研究的热点。时空预测就是基于时空序列预测理论建立数学模型，在时域预测的基础上建立未来预测面，揭示未来地下水埋深空间连续分布及其时空变化，预测地下水埋深未来的分布。

地下水埋深的时空预测不同于传统的时间序列预测和简单的空间预测。如何提高精度是预测研究的核心问题。目前常用的模型对不同监测序列间复杂的时间和空间影响考虑不足，对非线性考虑不足，对不同的方法确定的参数带来的模型预测精准性考虑甚少。混合预测是将不同的模型，不同的时间序列分析理论混合、融合或集成一个预测模型，只有一个预测结果。混合预测模型是目前提高预测精度的重要而且前沿的研究方法。当前，基于非线性理论、多元时间序列分析理论、参数的启发式优化算法等结合的混合预测模型是提高预测精度的主要技术手段。

运用正确、科学的方法对民勤绿洲地下水资源进行研究，完成对民勤县境内地下水埋深的模拟，建立研究区域地下水空间预报体系，对区域地下水问题的解决具有重要的理论意义和实用价值。

本书在针对民勤绿洲地下水埋深时空预测研究中遇到的三个主要问题如下。

1）缺失数据的修复问题

在长期的监测过程中，受人为原因和水文地质等原因的影响，存在两种类型的缺失数据：一是同一站点，间断检测造成的间断式缺失数据；二是监测井废弃，换位新建造成的截断式缺失数据。传统研究往往是将换位前后的序列直接拼接。水文地质条件的差异 、土壤植被的差异等，使监测井换位前后的检测值产生差异，忽视这种差异，可能会改变原序列的固有连续性和时空相关性，从而使预测结果产生较大误差。研究由于监测井关停及新建产生的截断式长期缺失序列的修复，是一项极具挑战的工作。

2）缺乏高效、高精度时空多序列预测建模的问题

区域地下水埋深的时域预测，是在多个监测点长期监测得到的时空序列基础上预测实现的。提高时空预测精度的关键，就是要提高各测点监测序列的预测精度和空间插值的精度。传统的预测，主要采用时间序列分析理论，建立基于神经网络和机器学习等模型的方法。这些方法不仅耗费工作量大，而且具有对多监测点、大区域的多序列时空预测适应性差，预测精度不高等问题。

3）空间插值方法存在精度不高、通用性差的问题

时空预测的最终目的是可视化地展示未来的地下水埋深空间格局。以往的空间插值方法如曲面拟合法、样条插值法、克里格插值法等虽然成功地刻画了地下水埋深的空间格局，但这些方法只考虑了已知监测点测定值对待估值的空间影响，而没有考虑历史数据对待估值的影响；时空克里格插值法虽然考虑了时空相关性，但是其关键的时空协方差函数通用性差，且精度不高。

针对地下水埋深时空序列非平稳非线性本质，将最小二乘支持向量机（least squares support vector machine，LSSVM）、广义回归神经网络（generalized regression neural network，GRNN）等非线性分析方法与新型人工智能参数优化、网格搜索（grid search，GS）、交叉验证（cross validation，CV）、自组织神经网络映射（self-organizing neural network mapping，SOM）聚类、小波消噪（wavelet noise reduction，WNK）、时空克里格（space time kriging，STK）等方法相结合，对研究区地下水埋深时空预测进行深入研究，主要的研究工作可以归纳为如下几个方面。

1）缺失数据时空修复混合模型研究

为了得到更加科学、可靠的研究区地下水埋深时空数据集，提出了基于自组织神经网络映射聚类与果蝇优化最小二乘支持向量机时空修复混合模型（SOM-FLSSVM），应用于时空序列的修复。该模型不仅考虑了每一类缺失数据监测站点的时间影响因素，而且考虑了空间因素，充分利用缺失数据监测站点与其相邻站点的信息进行数据的插补工作。实验证明，提出的时空预测混合模型相比其他的一些经典的数据插补模型，在精度方面有很大的提高。

2）多序列混合预测模型研究

在考虑时空序列非线性、非平稳特性的基础上，针对目标序列值会受历史数据和邻近序列时空影响的特点，建立了基于小波分析和广义回归神经网络的多序列混合预测模型。首先将每个监测序列进行小波消噪；其次建立以同期及历史若干期相关站点监测数据为输入变量的，考虑空间影响的多输入多输出时空序列GRNN模型；最后，引入网格搜索和交叉验证算法对模型参数进行优化。实验结果表明，与其他已有模型相比，本书提出的混合模型，提高了预测精度，同时也展示了小波变换在地下水埋深预测研究中的优势。应用该模型得到了十二期的地下水埋深时域预测结果。

3）空间插值混合模型研究

针对时空克里格插值中协方差函数通用性差且精度不高的问题，引入广义回归神经网络自适应拟合时空克里格插值变异函数，建立广义回归神经网络时空插值混合模型（GRNN-STK），绘制了研究区地下水埋深不同年份的空间分布图。通过分布图的对比及相应检测站点具体影响因素的分析，揭示研究区地下水埋深的空间格局演化过程。实验表明，与普通克里格插值精度相比，该模型有很大的提高，为建立研究区域可靠的地下水空间预报体系，做了重要的前提工作，能够为相关部门采取高效而可靠的地下水管理与合理开发决策，提供参考依据。

本书创新点在于针对研究中遇到的监测数据部分缺失，缺乏高效、高精度时空多序列预测模型，空间分布插值算法精度不高、通用性差等问题，提出了三个新的混合模型。鉴于地下水埋深时空序列的非线性本质，将分类算法、时空相关性、支持向量机、参数优化算法相结合，构建了时空数据修复混合模型；将消噪理论与广义回归神经网络相结合，构建了非线性多序列时域混合预测模型；将广义回归神经网络与时空克里格插值相结合，构建了时空插值混合模型。数据实验验证了模型的精度和有效性。

本书工作是对代理模型高精度时空模拟研究的探索，旨在为快捷有效地开展空间动态模拟预报提供科学方法。

全书共分七章。其中，第1章为绪论，主要是介绍地下水埋深时空预测，对民勤绿洲地下水埋深时空预测研究的目的背景、研究的意义，地下水埋深模拟的国内外研究现状和不足，地下水埋深时域预测方法研究进展，空间插值研究进展，地下水埋深时空混合建模研究进展，地下水埋深时空预测混合建模研究的内容、技术路线和组织情况。第2章为时空预测混合建模理论与方法，主要介绍本书在区域地下水埋深时空预测研究中运用的研究方法：时空序列预测理论，自组织映射神经网络，最小二乘支持向量机，广义回归神经网络等非线性分析方法；模型参数的果蝇优化算法，网格搜索法；以及建模中重要的交叉验证，小波消噪等基本理论方法。第3章为研究区概况，主要介绍研究区的地理位置，气温、地形地貌、工程地质、土壤、自然灾害、社会经济和生态等基本情况，降水、蒸发、地表水、地下水资源量、水资源的利用现状、土地资源状况的水资源概况，以及研究的数据来源等。第4章为地下水埋深时空缺失数据修复，主要介绍自组织特征映射网络分类的果蝇优化最小二乘支持向量机时空修复模型的建模步骤及示意图；传统经典参考模型的介绍，实验对比及模型精度说明；运用所构建的模型对民勤地下水埋深时空缺失数据修补，实际修补过程及修补结果。第5章为民勤地下水埋深时空序列时域预测，主要介绍多序列小波消噪广义回归神经网络混合模型构建；多序列小波消噪广义回归神经网络混合模型在研究区地下水埋深时空序列预测中的应用；模型效果评价指标；模型比较；结果分析与讨论。第6章为研究区地下水埋深时空插值，主要介绍基于广义回归神经网络自适应拟合时空变异函数及广义回归神经网络时空插值混合模型的构建；对比模型介绍；精度比较与结果分析。第7章为结论与讨论，介绍主要创新点，不足与展望。

本书的研究工作受到国家重点研发计划（No. 2017YFB0504203），“万人计划”科技创新领军人才（闫浩文）项目（052-152023），兰州交通大学优秀平台支持项目（201806）和甘肃省自然科学基金项目（1610RJZA057）等资助。

本书由笔者和闫浩文教授共同组织撰写，笔者负责统稿并审定全稿。第1～6章由笔者撰写，第7章由闫浩文教授撰写。在本书的编辑、整理、校对和出版过程中，除了感谢闫浩文教授高屋建瓴的指导，还必须特别感谢兰州大学数学与统计学院李维德教授的帮助和指导。感谢民勤县水务局在数据收集方面给予的大力支持。兰州交通大学测绘与地理信息学院禄晓敏博士和兰州交通大学数理学院硕士生刘宝成、程丽娟、盛秀梅对本书初稿进行了认真阅读和文字修改，在此一并表示感谢。

由于笔者水平有限，书中不妥之处实属难免，恳请读者不吝赐教。

张仲荣

2019年1月于兰州

目　　录

第1章　绪　　论

1.1　研究目的和意义

水是人类赖以生存和发展必不可少的基础性自然资源，是自然生态环境中一个非常关键的因素。水为生态系统的物质传输和能量转换提供动力（马岚，2009）。长期以来，水资源已成为社会发展的“瓶颈”，水资源将是21世纪全世界普遍关注的战略资源。如何保障水资源、水环境和水生态安全，已成为21世纪中国乃至世界最重要的治理问题之一（王亚华，2007；魏玲玲，2014）。

20世纪80年代以来，中国开始了前所未有的社会变革和飞速的发展，人口的迅速增长及社会的变化导致对水资源的需求也日益增加（王亚华，2007）。水资源的污染、对水资源不合理的开采利用，以及城市化和工业化过程的快速推进，使人口与水资源短缺的矛盾也愈发明显。水资源的可持续发展，是国民经济和社会可持续发展的重要保障（马岚，2009）。加强水资源管制，对水资源合理开发和优化配置，对国民经济和社会可持续发展至关重要。

地下水是影响生态环境系统的一个重要因子，生态系统的自然平衡状态与地下水流量大小、埋深有很重要的关系。地下水是指储存于地球表面松散层孔隙或基岩裂隙中的水资源，地下水有分布广、水量稳定、受气候影响小、水质优良和不易受到污染等特点，是一种宝贵的自然资源。地球上水的体积大约有 $1.36\times10^9km^3$，其中海洋占97.3%，而地下水仅占0.6%，尽管地下水所占比例很小，但是与人类生活有着密切的关系（张元禧、施鑫源，1998；钟华平等，2007）。

地下水已被世界上许多国家作为主要的饮用水源，特别是地表水相对贫乏的干旱、半干旱地区，地下水资源是重要的甚至是唯一的供水水源。地下水资源约占全球饮用水量的50%，占工业用水的40%，占灌溉用水的20%，我国地下水天然资源量多年平均为7837亿 m^3，约占水资源总量的1/3，但人均水资源量也只有不到 $500m^3$，相比国际规定的最低标准 $1000m^3$ 相差甚远（张伟丽、阚燕，2011）。约占全国国土面积1/3的西北地区，地下水资源开采量每年达430亿 m^3，开采资源量已占到全国的43%。我国约有70%的人口以地下水为主要饮用水源，其中北方地区地下水利用率相对较高（张元禧、施鑫源，1998）。

我国西北地区地处干旱和半干旱地带，土地资源丰富，气候干燥，降水稀少，生态环境脆弱，属于水资源短缺型地区。随着城市化进程的加快及工农业的迅速发展，人类对水资源的开发量与需求量也与日俱增，西北地区水资源短缺的形势更为严峻（张斌、刘俊民，2012）。因此，建立高效、可靠的地下水空间预报体系，为地下水资源的合理开发利用提供重要的参考依据，对于地下水可持续利用是一项非常重要的研究课题。

石羊河坐落于我国西北地区河西走廊东部，是我国内陆河流域之一，也是甘肃省河西内陆河流域人口最集中、经济发展较快的地区。多年来，该流域水资源被过度开发，水资源急剧减少，严重威胁着流域区域的生态环境。目前，石羊河流域已是我国西北地区水资源开发利用程度最高，但同时也是供需矛盾最突出、生态环境问题最严重的地区（李宗礼，2007）。在石羊河源头地区，乱砍滥伐、开荒种地、超载放牧等，致使植被破坏、草场严重退化，造成水土流失，水源涵养功能急剧下降；在中游地区，工农业发展迅速，打井提水活动频繁，致使水资源被超额使用（张若琳，2006；Ma，2003a，2003b；Wang et al.，2002）。

民勤绿洲位于石羊河下游，被腾格里和巴丹吉林两大沙漠包围，自然条件恶劣，水资源匮乏，生态环境脆弱。“决不能让民勤成为第二个罗布泊”，是国务院原总理温家宝做出的批示。近年来，工农业迅速发展，水资源被大量开发和利用，致使地下水系统的功能严重衰退，生态平衡遭到破坏。生态系统失衡，则引发链条式的生态环境问题（李海涛等，2007；李小玉、肖笃宁，2005）。高效合理地利用地下水资源，以及保持生态环境和经济效益之间的统一协调是干旱、半干旱地区可持续发展的基本途径。民勤地下水位近年来的持续下降是导致该地区生态恶化的重要因素，因此，建立研究区域可靠的地下水空间预报体系，为相关部门科学管理与合理开发地下水的决策提供参考，对改善民勤县地下水生态环境有着重要的意义。

1.2 地下水时空预测

现实生活中很多问题的研究都可归结为对随时间和地点变化的时空变量的研究，如交通流量的时空变化、环境因素的时空变化、流行病的时空变化、地质灾害的时空变化、网络舆情的时空变化等（徐薇等，2004b）。近年来，随着全球信息化的进一步发展，我们存储了大量来自社交媒体互动、实时传感器、地理空间信息和其他来源的数据，从而使得时空数据集的数量、体积、分辨率不断增加。时空数据由于集合了时间和空间上的数据信息，从而成为丰富的知识资源，正等待着我们进一步的挖掘。时空数据体积巨大，处理复杂，传统的统计学方法在处理这些数据集时遇到了前所未有的困难，所以寻找有效的时空数据挖掘方法具有十分重要的意义。

时空数据挖掘就是创造高效、可靠的技术，将大量的数据转化为有意义的信息知识的技术，也是处理时空数据集的主要技术（Cheng et al.，2000）。时空预测问题是时空数据挖掘的重要部分，它基于变量时间和空间相关信息的原理，运用经济学、统计学、地理学、神经网络、机器学习、人工智能等定性、定量方法，以及这些方法在引入时间和空间因素后的扩展方法，揭示具有时空特征的事物的未来发展趋势及运行规律（徐薇等，2005）。

我们的生活离不开水，而地下水是水循环过程中的一个重要组成部分，特别是在干旱和半干旱地区。因此，如何更好地对地下水进行监测并确保其可持续管理成为人们日益关注的问题（Yang et al.，2014b）。地下水埋深指标在衡量干旱、半干旱区地区地下水资源的过程中扮演着不可或缺的角色。地下水埋深时空预测就是通过一定的数学模型计算地下水未来预测面，揭示未来地下水埋深空间连续分布及其时空变化的技术方法。在研究建立地下水埋深时空预测预报体系过程中，主要存在以下几个问题。

1. 数据预处理（缺失数据修复）

由于研究区自身水文地质、自然状况及人为活动的影响，不同站点存在不同程度的监测数据的缺失。除了常见的数据缺失情形外，在地下水埋深的长期监测过程中，出现水位下降因地质因素无法获得监测数据时监测井的移位，造成长期监测序列的中断和新建监测井只有后半部分数据序列的情形，从而得到一个有数据缺失的时空数据集。完成缺失数据修复以获得完整的研究区时空数据集是开展研究工作的必要准备。

传统的修复方法处理时空数据集所需工作量大且精度不高，另外各种研究方法都有缺点，许多研究者仅仅聚焦于比较小的样本，或者仅仅研究了一个时间序列或者几个时间序列的数据修复，这使得这些方法在实际处理大的样本过程中仍存在大量烦琐的工作。另外，在许多研究中，大多数数据的缺失比率都保持在10%以下，在地下水埋深监测数据集中，由于复杂的水文条件、地理环境和人类活动的影响，一些序列的缺失率已经达到60%～80%，传统的数据修复方法难以实现地下水数据集的高精度修复。另外，传统的数据修复方法几乎都没有考虑数据集中不同序列在时间和空间上的相关关系，从而在数据修复的过程中不能充分地利用相关序列的信息，以至于修复的精度不能很好地得到提高，并且在工作中会产生大量的时间消耗。

2. 动态模拟烦琐且精度低

确定性模型以地下水动力学为基础，根据不同的水文地质条件来确定动态模拟的数学模型，它可以反映出地下水系统的动力学机制。然而，该模型的弊端也是显而易见的。首先需设置许多假设条件，这就很难真实地模拟出实际的地下水水文地质条件，并且在获取含水层的参数信息方面需要耗费很高的成本。

地下水系统是一个复杂的动态系统。自身地理环境及人类活动等的影响，使得地下水埋深表现出复杂的非线性、多尺度和随机性特征。这给确定性模拟地下水埋深带来障碍。随机性模型是模拟地下水系统实用而有效的方法，特别是在缺乏水文地质条件资料或含水层参数资料不足的情况下，随机性模型是一个简单有效的方法，并能获得较好的精度。在以往的研究中，很多研究者往往只注重单条序列或几条序列的模型研究，传统的方法对于多维长时期观测序列处理，需要大量而烦琐的工作，而且这些模型往往在多维序列中很难保证预测精度，以至于难以开展科学研究。

3. 地下水埋深空间分布插值方法精度不高、通用性差

以往的空间插值方法有曲面拟合法、样条插值法、克里格插值法等，这些方法虽然成功地刻画出地下水埋深的空间格局，但是这些方法只考虑了已知监测点测定值对待估值的空间影响，没有考虑历史数据对待估值的时域影响。时空克里格插值虽然很好地考虑了时空相关性，但是时空协方差函数的建立是进行时空插值的关键，一般研究当中，变异函数选取模型有指数模型、线性模型、球形模型、高斯模型等；这些变异函数的实际选择是根据实验样本的半方差云图来选择最为接近其结构特征分布的变异函数模型，变异函数模型的选取是一个人为主观性抉择的过程，每种模型的参数确定又是一个比较复杂的过程，而且变异函数模型的最优选取也是一个很难解决的问题。针对变异函数的选取，有研究者提出用机器学习方法来拟合空间变异函数，但由于这些模型在建立过程中，要充分考虑自身的多个参数的影响，而自身多个参数的选择又是一个复杂而烦琐的计算过程，很大程度上影响了插值精度，给我们开展地下水埋深时空插值工作带来了很多困难。换言之，传统的分布插值方法存在精度不高、通用性差的问题。

混合预测是将不同的模型、不同的时间序列分析理论进行混合（融合）或集成（构成）一个新的统计预测模型，得到一个最终的预测结果。由于每个模型都有各自的优缺点，所以在对它们进行混合时，一个关键的问题是如何找出混合的切入点和结构，以达到取长补短的目的，所以在众多的研究当中，有学者建立了混合模型来提高模型预测的精度（车金星，2010）。许多学者已经提出了一些混合模型用于地下水埋深的研究，并获得了很好的结果，这是目前提高模型精度的前沿思路。通过建立相关的混合模型用于修复缺失数据、时空序列时域预测和空间插值，以揭示研究区地下水埋深时空变化的空间格局。

1.3 研究进展

地下水埋深时空预测的主要目的是实现地下水埋深未来时空动态的人工模拟。模拟是立足于研究区的多个监测点，以长期监测得到的监测时空序列数据集为基础，在时域对时空序列进行预测，然后在空间上插值来实现的。

本书基于有缺失的时空序列，以混合模型为主要方法，通过时空缺失数据修复，对时空序列进行时域预测，基于时空序列的时空插值来实现民勤绿洲地下水埋深未来动态的模拟研究。本节将对缺失数据修复、时域上的动态模拟、空间插值、地下水埋深时空预测及混合模型的研究进展做简要的综述。

1.3.1 时空序列缺失数据修复研究进展

准确、长期、有效的地下水埋深预测，对于开展地下水资源的开发、管理非常重要（朱长军等，2004）。科学的数据对于研究一个区域地下水的储量，以及地下水的持续开发利用是非常重要的。

由于监测设备的故障、研究区复杂的自然地理环境、人类不合理的开发利用等，长期的观测数据中产生许多缺失数据。缺失数据的存在给地下水埋深的研究带来很多困难，对有效运用相关理论进行分析研究造成障碍。因此，缺失数据的修复补全对于科学地开展地下水埋深的研究是一项非常有必要且有意义的研究工作。

数据缺失是许多科学领域广泛存在的一个问题。在前人研究中已经提出了一些用于缺失数据处理的方法，按照数据缺失的模式及缺失的机制选择相应的适合的方法，插值是用于处理缺失数据最常用的方法（Plaia and Bondì，2006）。已经有许多研究者提出了各种时间序列缺失数据、面板缺失数据及其他形式的缺失数据处理方法（Malek et al.，2013；Young and Johnson，2015；Yozgatligil et al.，2013）。

在过去的研究中，Feng 等（2014）阐述了数学属性和逻辑属性是数据修复模型的两个重要核心关系。传统的缺失数据修复方法可粗略地划分为简单修复法（simple imputation，SI）、插值修复法（interpolation imputation，II）、回归修复法（regression imputation，RI）和近邻插值法（nearest neighbor imputation，NNI）（Chen and Shao，2011；Junninen et al.，2004；Schneider，2001）。近年来的研究显示，简单的修复方法直接将有缺失值的序列从原始数据中删除，其结果可以得到一个完整的数据集，但是失去了蕴含的一些重要信息，将对后面的数据分析结果产生影响（Cismondi et al.，2013）。插值法是运用一些插值算法，插补、替代缺失值。Linacre 用均值代替缺失值，Chen 等描述了一个简单适应随机插补方法，来减小均值或整体插值的方差（Chen et al.，2000；Linacre，1992）。Zainudin 等（2015）将三次 Berier 曲线和三次 Said-Ball 方法作为缺失值估计的工具，将插值技术进行了扩展。回归修复方法是普遍采用的方法，如果我们能够精确计算出适当的回归参数，将能获得很好的修复结果。Schneider（2001）测试了一个最大期望线性回归迭代分析算法用于数据缺失值修复。近邻插值法是很受欢迎的非参数修复算法之一，它能够弥补样本数据不能响应的信息（Chen and Shao，2011）。

这些传统的修复方法对时间序列缺失数据的修复起到了很好的作用，但是由于没有考虑缺失值空间因素的影响，修复精度难以满足时空数据集修复的精度要求。在修复工作中还会有大量的时间消耗。图 1.1 展示了时空数据集中缺失数据的修复方法。

随着互联网的发展，传感器技术的进步，大数据时代的到来，产生大量的数控数据集，如时空空气质量数据集、时空地理数据集、时空风速数据集等（Junninen et al.，2004；Poloczek et al.，2014；Yozgatligil et al.，2013）。时空缺失数据的修复研究显得异常迫切。已经有很多学者开展了时空缺失数据的修复研究（Feng et al.，2014；Poloczek et al.，2014）。有学者应用最小二乘法拟合经验正交函数，该方法也可以认为是一种优化修复方法，此外还有卡尔曼滤波法和最优平滑法（Kalman，1960；Kaplan et al.，1997；Smith et al.，1996）。2007 年，奇异谱分析和多元统计分析被用于修复几种不同类型的缺失数据值，然而，这些方法修复的精准性和可靠性很大程度上受数据缺失类型的影响（Kondrashov and Ghil，2006）。

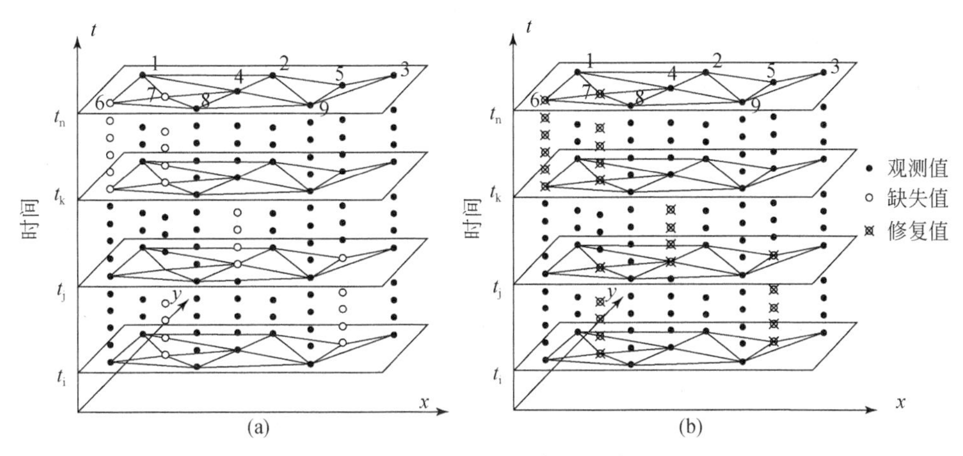

图1.1 时空缺失数据修复示意图

(a) 数字1~9表示9个空间监测站点，四个平行四边形代表四个不同的时间点，黑圈代表数据缺失点；(b) 表示所有的缺失点数据已被修复（Zhang et al.，2017）

CUTOFF是一种新颖的时空数据插补方法，通过与k近邻（k nearest neighbor，KNN）、奇异值分解、多元插补法和随机森林方法比较，体现了CUTOFF在时空数据集中应用的优越性。KNN回归作为一个地理插补方法已被成功地应用到了分速时空数据集（Feng et al.，2014；Poloczek and Kramer，2014）。Carvalho等（2016）也提出了一个时空模型并应用到了日常降雨数据的修复，并对比证明该模型优于普通克里格模型。

为了克服单一处理方法的缺点，研究者又提出了混合模型修复方法。Narravula和Vadlamani（2011）提出了一个新颖的软件计算法，进行两个阶段软件的计算。Aydilek和Arslan（2013）结合模糊c-均值、支持向量机回归和遗传算法建立了一个混合缺失值插补模型。Tian等（2014）在聚类灰色系统理论和熵函数基础上，首先对完整数据做分类，然后在各类中开展数据修复工作。Shukur和Lee（2015）提出自回归（auto regression，AR）与神经网络混合数据修复模型AR-ANN，在风速数据集的实验中，通过比较证明了该方法的可靠性。

综合对比，混合模型是提高修复精度的重要工具。但是，由于地下水自身的特点，上述方法难以获得较高的精度，并且会产生大量的时间消耗。

1.3.2 地下水埋深模拟研究进展

地下水动态一般指地下水系统相关属性随时间和空间的变化情况。按照研究目的建立地下水系统数学模型，模拟地下水相关属性的变化被称为动态模拟。水位与水量的变化是研究的中心内容，而地下水动态模拟是研究地下水系统演化的重要组成部分（廖梓龙，2013）。

地下水模拟是按照一定的数学模型在计算机上用数值法模拟地下水运动状态的方法，数学模型模拟方法是其研究的主要方式（薛禹群，1980）。近几十年来，随着计算机科学技术的发展及研究理论的不断完善，地下水动态模拟的研究方法已经比较成熟，我们将其归类为随机性模型和确定性模型。

1. 随机性模型

随机性地下水数学模型是指把地下水相关属性视为随机事件进行描述的数学模型。其中，组合、模糊数学、灰色、指数滑动、时间序列、人工神经网络、频谱分析和回归模型这些都是比较常用的随机模型。

Patle 等（2015）在对哈里亚纳邦区实行季风期地下水埋深时间序列建模及预测研究时，用 Mann-Kendall 非参数秩次检验测试 Sen's 斜率来鉴别在前季风和后季风时期地下水埋深的趋势，实验结果显示，1974～2010 年，研究区域的地下水埋深有显著的减小。Gong 等（2016）考虑地表水对地下水的影响，应用支持向量机、人工神经网络和自适应模糊推理系统（adaptive neuro fuzzy inference system，ANFIS）对地下水埋深进行预测，实验结果显示，这三种方法对地下水埋深近三个月的预测是有效的。Maiti 和 Tiwari（2014）对用于地下水位波动预测的按比例共轭梯度优化的人工神经网络、按比例共轭梯度优化的贝叶斯神经网络、ANFIS 这三种现代软件计算技术的优点和缺点进行了分析。Emamgholizadeh 等（2014）研究了人工神经网络、ANFIS 在伊朗 Bastam 平原地下水埋深预测中的潜力，实验结果表明，这些方法都能够准确地预测研究区地下水埋深。但是，在利用人工神经网络和多元线性回归方法对日本的 17 个站点进行预测时，将所有重要的输入变量（降雨量、环境温度、河流水位、11 个季节虚拟变量和降雨量、环境温度、河流水位、地下水埋深）的影响考虑在内，进行拟合优度分析，实验结果显示，对这 17 个站点用人工神经网络模型预测的效果要比用多元线性回归预测的效果好（Sahoo and Jha，2013）。Mogaji 等（2014）应用地理信息系统（geographic information system，GIS）有序加权回归方法，研究分析了马来西亚 Perak 州南部地下水预测模型，结果显示，在该研究区域内，地理信息系统有序加权回归方法在决策评价地下水污染的潜在映射的复杂性方面拥有巨大的潜能。Nourani 等（2015）利用聚类技术的自组织映射网络识别地下水埋深数据的空间聚类，并结合前馈神经网络对地下水埋深进行一期或多期预测。结果显示 SOM 聚类与 FFNN 混合模型，都降低了输入变量的维数和 FFNN 模型的复杂度。

随机地下水模型不需要针对参数选取而进行实验，并且对于缺乏水文地质资料的研究区域非常有利，但不能表现地下水系统的动力学机制及各个要素之间的动力学关系（郝治福，2006）。

2. 确定性模型

确定性地下水模型是用确定性的函数关系来描述地下水相关属性的数学模型，已被广泛地应用于地下水动态模拟与预测。

20 世纪 70 年代，我国对地下水数值的模拟研究才刚刚开始，目前我国在这方面已经做了很多有用的工作。科研单位与生产部门相结合，运用数值模拟解决了许多经济建设中急需解决的问题（薛禹群、吴吉春，1997）。魏文清等（2006）提出了地下水数值模拟的一般步骤。吴文强等（2009）选用分布式概念水文模型，相比传统方法处理边界地下水数值模拟，精度得到了很大的提高。卢文喜（2003）对边界条件和处理方法进行了分析研究，同时也指出在各种因素的影响作用下，以后研究工作中所要面对的困难。翟远征等（2010）详细地总结了国内外水数值模拟中参数的敏感分析工作，同时提及了目前研究工作主要存在的问题。克里格法被安永凯等（2014）用于建立地下水流数值模拟模型，实验表明其对于地下水水位降深均值有较高的拟合精度。沈媛媛等（2008）应用滚动预测的方法来处理边界条件，说明了地下水边界值与人类活动的关系。崔亚莉等（2003）应用有限单元法建立了双层含水层地下水流数值模拟模型，通过对地下水的补给和利用量的深入研究来预测泉流量趋势变化。基于山区地下水的区域水文地质条件复杂，内外边界不规则等情况，刘军和严瑞平（2010）在已有非构造网格有限差分数值模型基础上，阐述了内部非均质边界上结点参数的取值方法，在实例中体现了它的优势。田玲玲（2006）用直接边界元法并择出适合的坐标函数将区域转化为边界积分，充分显示了其优点所在。朱长军等（2004）通过引用混合有限分析法对污染物对地下水的污染做了研究，通过与传统方法对比证明了模型的有效性。赵国红等（2007）建立了概念模型及三维地下水数值模拟模型，并对郑州市水文做了提前几期预测。综上表明，地下水数值模拟已成为解决复杂地下水文问题的重要研究方法（孙从军等，2013）。

1.3.3 基于GIS的地下水模拟

GIS是以计算机为基础的对空间数据进行综合处理和空间分析的系统，是集计算机、管理、信息、空间、环境等科学为一体的新兴研究领域（魏加华等，2003）。GIS为地下水资源的合理开发和可持续发展提供有效可靠的依据（肖震，2014）。张晓环（2012）综合阐述了GIS在地下水资源研究中的应用。Juan和Kolm（1996）的研究结果表明GIS技术在地下水模拟中的可用性。王仕琴等（2007）将MODFLOW和GIS相结合，为研究区建立了三维非稳定流地下水模型，为华北平原地下水资源的可持续发展提供了可靠的参考。为了实现研究区地下水流模拟过程的可视化，杨旭等（2005）将地下水流模型与GIS进行了有机集成。孙继成等（2010）通过分析秦王川盆地南部的水文地质条件，将GIS和FEFLOW结合建立了研究区地下水系统数值模拟模型，实验结果显示，所建模型能够较好地反映秦王川盆地南部水文的空间分布。Baalousha（2011）运用GIS中时空数据分析工具，对研究区Gaza Strip，Palestine中地下水脆弱点、土地利用和污染区域做了GIS地图，并利用地下水流动模拟模型来跟踪地下水流动并描绘捕获区域公共水井，结果表明，Khan Yunis和Rafah城市南部的污染对水井有着很大的威胁。Dawoud等（2005）基于GIS模型建立了西部尼罗河三角洲的含水层系统模型，将建立的模型与过去20年观测地下水水头进行稳态和瞬态条件的标定，并利用标定后的模型对研究区含水层系统地下水潜力进行评价，对两种备选管理方案进行试验。实验证明对于制定综合和可持续发展的地下水管理计划，GIS是一个有效的工具。谢洪波等（2008）应用二次开发模式结合灰色预测模型建立了GIS预警系统，来捕捉研究区的水质状况。就目前来看，GIS已经得到了飞速的发展，并取得了许多丰硕的果实。地理信息系统技术和地下水模型在地下水研究方面的结合，对地下水的研究做出了巨大贡献，并得到了很好的发展。

1.3.4 地下水数值模拟软件

随着地下水数值模拟方法的应用越来越广泛，以及地下水系统越来越复杂，我们常用的传统方法已经很难满足人们研究地下水模拟的需要。随着计算机科学发展，研究者开发了许多地下水模拟软件。常用的软件有Visual Groundwater 、

Visual MODFLOW、GMS、Groundwater Vistas、Processing MODFLOW、HydroGeo Analyst、WHI UnSat Suite、ArcWFD 、EFLOW、GW-Base 、PEST2000 、ARC / INFO 等（王浩等，2010）。每个软件都有其优点和不足，表 1.1 给出了一些常用软件的处理内容和优缺点对照。随着研究内容与范围的不断扩大，数值模拟软件还需要不断地开发和完善，以更好地满足人们对地下水系统的研究与认识。

表 1.1　地下水数值模拟软件

软件名称	开发者	主要功能	特点
ArcWFD	德国 Wasy 公司	主要用于欧洲水框架指令下流域的管理和规划、可持续发展控制及地表水的生态环境控制	是在 ArcGIS 基础上开发而成的信息系统
WHI UnSat Suite	加拿大 Waterloo 水文地质公司	主要用于模拟一维垂向非饱和带地下水流场和污染物迁移的专业软件包	能够帮助用户快速、方便、有效地建立起一个最适合的模型
Visual Groundwater	加拿大 Waterloo 水文地质公司	地下数据和地下水模拟结果三维标准可视化与动画软件	三维可视化地下水软件
SUTRA	美国地质调查局	用于饱和带/非饱和带密度变化地下水流动和溶质或能量运移的专业模型	可采用二维/三维有限单元或有限差分法进行求解计算，具有灵活的网格剖分方式，对海水入侵过程的模拟具有独特的优势
MODFLOW	美国地质调查局	领域覆盖了水井、河流、水量、水质与温度的模拟；解决许多地下水在裂隙介质中的流动、空气在土壤中的运动、诸如海水入侵等地下水密度为变量的问题	有限差分的典型代表；能自动产生空间有限单元网格；各个补排项没有单独的子程序包，调参数较麻烦
GMS	杨百翰大学与美国军工水道实验室	用于地下水模拟的综合性图形界面，可以涵盖地下水流模拟的所有内容	地下水流模拟为基础，在地下水流模拟的基础上，建立一系列的水质模拟

续表

软件名称	开发者	主要功能	特点
FEFLOW	德国瓦西公司	地下水水量及水质计算机模拟软件系统，应用于3D水流，溶质运移模拟；地下水的空间分布模拟	方便迅速地产生空间有限单元网格，设置模型参数和定义边界条件，运行数值模拟及实时图形显示结果与成图
HydroGeo Analyst	加拿大滑铁卢水文地质公司	地下水和环境数据管理的软件，用于土壤环境、地下水、钻孔数据的剖面可视化及三维展示	地层及环境数据信息管理及可视化的应用
Groundwater Vistas	英格兰和威尔士环保署	用于地下水流及污染物运动移动3D模拟的先进窗口图示用户界面	是一个强大的模型设计系统，综合了多种图形分析工具
GW-Base	德国瑞贝克公司	水文水资源信息处理分析系统	地下水端粒系统软件，较为先进的水文水资源信息处理分析系统
Visual MODFLOW	加拿大 Waterloo 水文地质公司	是三维地下水流和溶质运移模拟评价的标准可视化专业软件系统	水量均衡计算，溶质运移评价，水流评价，平面和剖面流示踪分析
ARC/INFO	美国环境系统研究所	地下水相关模型	数据采集、编辑和地理信息分析能力较强，具有较大灵活性和实用性
PEST2000	澳大利亚 水印计算公司	应用于地下与地表水文地质学、地球物理、化学、结构与地质技术工程及其他许多领域的模型校正和数据插值	利用一个强有力的数值反演算法来“控制”运行中的模型

资料来源：王浩等，2010

长春市是我国典型严重缺水城市，郭秀娟（2012）使用 Visual MODFLOW 对市城区地下水含水系统进行了数值模拟，并将研究区的含水层自上而下进行了划分，给开展后续研究工作带来了便利。王全荣等（2010）介绍了 MODFLOW 中两种模拟混合井流问题方法的耦合，并且应用实例都有很强的适用性。何杉（1999）针对海河流域普遍存在的排污河，运用 Processing MODFLOW 软件对研究区地下水污染的范围和程度进行了估计和预算，实验模拟结果显示，PMWIN 能够反映多种因素对地下水流动和地下水水质的影响，并能够用图直观地反映水质的时空变化。毛军等（2007）应用 FEFLOW 软件对研究区地下水进行了数值模拟，模拟结果表明了模型的可用性。祝晓彬等（2005）应用GMS软件对地下水的数值模拟结果显示，利用该软件对大面积的研究区域、复杂的自然环境及大量地下水数据条件下的数值模拟，也同样能得到较高的精度，这也恰好体现了GMS软件的优势。刘丽花和张清（2015）同样基于GMS软件建立了模拟模型，结果表明其模型对地下水资源管理有重要的意义。尉鹏翔（2011）应用Visual MODFLOW建立的研究区水文地质概化模型对于地下水污染物运移规律进行分析取得了较好的模拟结果。刘永良和潘国营（2009）应用Visual MODFLOW为鹤壁矿区安全生产建立了岩溶水三维渗流数值模型，模型的检验结果表明，该模型可以成功地模拟研究区渗流场和水位的动态变化。

1.3.5 地下水埋深时空预测方法进展

区域地下水埋深是空间和时间上均动态变化的时空变量，地下水埋深的时空预测主要是通过对研究区的多个监测点长期监测得到的时空序列数据集，在时域对时空序列进行预测，最后运用时空序列的时域预测值在空间上插值来实现的。通过区域地下水埋深时空预测及时空插值来揭示未来地下水空间分布及其分布随时间的动态变化。是对研究区未来地下水埋深时空动态变化的人工模拟。

时空预测早期研究工作集中在统计回归模型，从时间序列分析、空间分析到计量经济学模型的运用。这些模型通常是针对典型的稀缺数据的，而当收集到数量日益增长的、多样的同质时空数据集时，越来越多的研究者和实践者转向机器学习和数据挖掘等能更好地处理异构、非线性和多种大规模时空数据集的方法研究。

例如，ANN、SVM等已被成功地应用到时空预测问题；自ANN得到发展以来，就已成为广泛地涵盖不同结构的非线性模型的回归和分类的一个术语，应用于空间和时间分析。

Kanevski等（2009）应用多种类型的空间和环境建模，包括时滞径向基函数神经网络大小，广义回归神经网络（generalized regression neural network，GRNN）、概率神经网络和神经网络残差克里格模型，获得了良好的结果。网络的预测是通过对训练集数据的学习得到的。这使得它们在处理具有复杂时空依赖，理论上很难描述的时空数据建模时，成为一种有效方法。还有学者提出了一个ANN学习方法应用到空间问题（Hsieh，2009；Kanevski et al.，2009）。SVM在雪崩时空预测中已被应用，研究中结合研究区的数字高程模型，将气象和积雪数据作为输入，用于确定安全与危险边界（Pozdnoukhov et al.，2011）。

时空过程统计建模是代表时间序列分析、空间统计和计量经济学几十年研究结果的交叉研究，以往的研究已经取得了很大进展并付诸实际应用，如时空自回归差分移动平均模型（space- time atiotemporal autoregressive differential moving average model，STARIMA）为区域路网短时交通流预测提供了一种新方法（常刚等，2013）；王佳璆、梅志雄等应用组合模型的时空集成预测方法对森林火险进行预测，一方面采用统计学原理对目标对象本身进行时空预测，另一方面采用神经网络捕获研究对象的空间关系，得到最终的综合预测结果，该方法与单一的时间、空间分析比较，强调了时空预测方法在林火预测中的可行性及其应用价值（梅志雄，2010；王佳璆、程涛，2007）。徐薇等（2004a）将时空集成法应用于铁路客流量的预测，与仅仅考虑单一时间因素的方法相比，提高了预测精度。张洪财等（2014）提出了考虑时空分布的预测方法，为电动汽车充电科学管理提供参考。缪丽娟等（2010）基于时空序列模型对再次犯罪发生的时间和地点做出预测。蔡武等（2014）的研究综合考虑微震时间和空间等要素，实现了能有效提高煤矿冲击矿压的时空检测预报。吴娇娇（2015）提出了基于时间和空间的时空极限学习机算法，与传统预测模型仿真结果相比，该方法提高了预测精度。

由于受到区域地下水自身的复杂、非线性、多尺度及随机性等特征和人类活动的影响，地下水系统成为一个复杂的动态系统（Nourani et al.，2015；Wang et al.，2009）。利用人工神经网络、SVM 等能很好地处理非线性、不确定性问题及其强大的并行处理功能等特征，利用其模型对地下水进行预测，能够对多影响因素时间序列并行预测（董志高、黄勇，2002）。

Tapoglou 等（2014）使用人工神经网络和克里格空间插值方法并结合模糊逻辑系统来模拟地下水水位的时空变化，这种方法可以成功地应用于地质结构特征比较模糊的含水层。2013 年在伊朗南部埃格利得地区雨季和干旱季的地下水埋深的时空变化模拟研究中，地质统计方法 OK 成功描绘整个研究区域的地下水埋深的空间分布图，从而显示出研究区要素空间的变化（Delbari et al.，2013）。Knotters 和 Bierkens（2002）使用分地区多元回归模型预测地下水水位埋深时空变化，研究结果表明时空卡尔曼滤波算法比直接或间接地去修正 RARX 模型参数和地质统计插值修正系统误差法能更精确地预测地下水水位的波动。

过去对地下水埋深时空预测的大多数研究，都是基于时间序列分析理论的建模，而且涉及的序列数目较少。实践中空间对象通常不会单独存在，因为地下水环境本身就是空间地质网络系统，因此，地下水埋深预测也是空间问题。地理学第一定律说明地球表面的所有属性值都彼此相关，且距离越接近，相近属性之间的关系更紧密（Wu et al.，2005）。同时，研究对象的当前状态受自身历史状态的影响，可用统计学自相关系数描述时间序列不同时期的相互关系（Sun and Deng，2016）。一般而言，时间滞后越短越相似。在已经积累了大量地下水统计数据的情况下，通过这些统计数据去研究趋势是可行的（Han and Liu，2013）。时空序列理论是将在地域上关联的多个时间序列视为一个整体来分析建模。预测研究中不仅考虑目标值的历史影响，还考虑目标值受地域上有关联的其他多个时间序列值的影响，是建立在时空双重影响之上的预测研究。

本书不仅考虑了目标井，也考虑了相邻井的影响，通过时空数据挖掘方法，从地下水埋深数据集寻找规律模式，并取得了较好的结果。

1.3.6 空间插值研究进展

空间插值是研究地下水属性的空间分布和变异特征的有效工具之一，已被广泛应用于地下水资源研究等众多领域。由于地下水系统是极端复杂的、具有异质性和特殊性的系统，地下水系统各个属性都受到多尺度、多因素影响，其取值是多种影响相互耦合的结果（蒋庆，2013）。空间上的连续性数据在环境管理和保护等方面起着非常重要的作用，但这样的数据在现实中是不容易取得的。为了进行科学研究，需要利用已知的有限的空间数据进行有效的插值来获得可靠的、均匀的、格网化资料（Wang et al.，2008），因此空间插值技术显得尤为重要。

现有的空间插值大体上可分为三类（Li，2008）：

确定性或者非地统计学插值方法；

随机性的或地质统计方法，如OK法；

非地质统计学和地质统计相结合的方法，如回归克里格法（Hengl et al.，2004）。

由于空间插值相对简单并且具有可用性比较强的特点，所以，它能够满足一般的空间数据插值需求（Chen and Liu，2012；Karagiannidis and Feidas，2014），但是，往往会产生较大的误差（Li et al.，2011）。克里格插值法是基于地质统计学理论发展起来的一种最常用的空间插值方法（Oliver and Webster，1990）。它基于变异函数模型，充分考虑了空间相关性，此方法与空间插值相等确定性方法相比大大提高了插值精度（Xu et al.，2014）。

时空数据不仅在空间分布上存在相关性，在时间分布上也同样具有相关性。但是，普通克里格法仅仅采用了空间相关性进行建模，忽略了历史时间数据的影响，不利于插值精度的进一步提高（李莎等，2012）。对普通克里格插值进行时间分布的扩展就演变成了时空克里格插值，并且插值精度在原来的基础上得到了很大的提高（徐爱萍等，2011）。决定时空克里格差值精度的关键在于能否建立有效的适合真实数据的时空变异函数模型，时空变异函数模型的选取直接决定着插值的精度（张仁铎，2005）。目前，已存在多种时空变异函数，准确地建立时空半变异函数模型是提高精度的关键，常用的变异函数模型有：高斯模型、球形模型、线性模型、指数模型等（Iaco et al.，2002；Ma，2003a）。目前在使用时空克里格时，变异函数模型的选取过程是依靠个人经验的主观判断，根据实验样本的半方差云图来选择最为接近其结构特征分布的变异函数模型，每种函数的参数确定过程比较复杂，往往很难选取最优的变异函数模型来刻画原始数据结构分布。针对以上诸多缺点，王辉赞等（2011）、吴王文等（2015）提出了应用支持向量机（SVM）及最小二乘支持向量机（LSSVM）建立空间半变异函数，建立空间克里格差值方法，该方法在插值精度上的确优于传统的克里格方法，但是，在建立模型时 SVM 与 LSSVM 的拟合效果严重受到方法本身多个参数的影响，并且参数的确定过程十分复杂。

1.3.7 地下水埋深时空混合预测模型

混合模型是运用几种不同模型嫁接、融合而成的一种新模型，其目的是使结果能沿着最有效的路径发展（李少亭，2014）。混合建模的重点在于发现混合模型的切入点和结构，因为每个模型都有自己的优点和缺点，所以在众多的文献研究当中，为了提高模型的预测精度，建立了混合模型（车金星，2010）。研究表明混合模型往往比单一预测模型做出的精度要高。研究者已经提出许多用于地下水埋深研究的混合模型，并获得了很好的结果。

Behnia 和 Rezaeian（2015）提出用小波时间序列模型估计地下水埋深，实验结果显示，WA-SARIMA 混合模型性能表现最好，同时也证实这些模型方法仅仅满足提前一两个月的预测。WA-ANN 方法是基于离散的 WA 结合 ANN 及整合时间序列而形成的模型，该方法用于预测中国福建省一个浅的沿海含水层埋深问题，研究结果证明了 WA-ANN 模型在地下水埋深预测中的潜在能力。而且，为了更加合理地开发并制定有效的可持续发展的管理策略，对该混合模型进行了进一步的研究分析（Yang et al.，2015）。张建锋等（2016）建立了小波神经网络混合模型，用于北京市平谷区地下水埋深预测，实验结果表明，该混合模型比BP预测的精度要高。利用WA-SVR模型来预测印度东部港市维沙卡帕特南三个观测井地下水水位的变化。将该模型与SVR、ANN和传统的移动平均模型（autoregressive integrated moving average，ARIMA）的预测结果作比较，结果显示，WA-SVR对研究区域地下水埋深的预测结果相对于其他三个单一模型有较高的精度（Suryanarayana et al.，2014）。Jha和Sahoo（2014）考虑了所有相关的有显著性影响的输入变量，并且用混合的ANN技术仿真整个研究区域17个站点的地下水埋深。在此过程中，遗传算法用来反复实验寻求最优的ANN模型结构和内在的相关参数；实验结果证明，混合ANN模型可以有效地用于预测盆地或次盆地范围下的地下水埋深。Yang（2014a）使用时空经验克里格和向量自回归模型进行辐照度参数长期阈值距离的时空收缩，研究表明该模型简化了检测网络并且提高了预测精度。Patrick等（2016）运用半参数时空模型对全球辐照在空间和时间分辨率进行了研究，模型描绘出了栅格点的空间域，当给出某一点周围点的值时，根据周围点可以预测出该点的值。Xie等（2014）运用时空预测模型对风能进行了研究，结果显示结合相邻的风能场，临近的提前一小时的预测质量将会提高，通过扩充时间和空间风能的历史数据，将能够得到更为精准的预测，进而有助于开发其潜在经济价值。时空模型可以增加风能的利用率，并可以减少系统一些不确定性的花费。

1.4 研究方案及技术路线

本书依据民勤县监测站点收集到的地下水埋深数据，以及民勤县实际的地理水文环境和地下水社会开发利用状况来开展地下水埋深研究工作，建立研究区地下水时空预报体系，为民勤县开展地下水可持续发展战略决策提供科学依据。

本书将主要依据研究区监测站点收集到的地下水埋深数据及相关的资料，结合理论分析、数据预处理、地下水动态模拟运算及插值方法、空间插值，开展地下水时空预报的相关研究工作，如图1.2所示。

（1）先对各个监测站点收集到的数据、地理水文环境及开发利用现状数据集做初步相关的分析，为研究区实施开展地下水埋深研究工作打下坚实的基础。

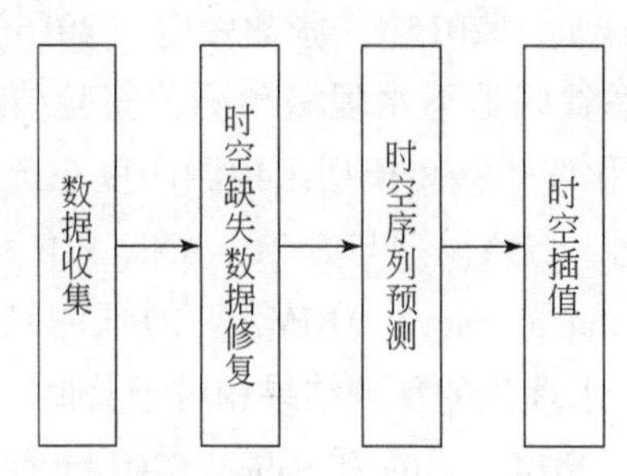

图 1.2 四步技术路线图（Haykin and Simon，2009）

（2）针对能够高精度地修复缺失率在 10% ~80% 的大样本地下水数据集，本书提出了自组织映射神经网络-果蝇优化算法的最小二乘支持向量机（SOM-FLSSVM）的混合模型时空数据修复方法。具体过程如下。

依据序列的相似性，将完整的序列进行了 SOM 聚类，并将不完整序列分为有值序列和无值序列，接下来将每一类的中心序列按照不完整序列的划分规则，将其划分为两部分，然后计算不完整序列的有值序列与同样规则下的每一类中心序列的欧氏距离，最后，按欧氏距离的大小将不完整序列进行归类。根据地下水系统自身的非线性、随机性等特征，本书选择最小二乘支持向量机（LSSVM）分别对每一类的不完整序列进行插补。为了得到更好的插补效果，本书应用果蝇优化算法对 LSSVM 模型进行优化，为了得到每一类模型的最优参数，以及每一类 SOM-FLSSVM 混合数据修复的最优模型。该模型不仅仅考虑了地下水埋深监测站点完整序列值的相似性，而且考虑了监测站点缺失序列值和同一类监测站点完整序列值的相关性，这样将充分利用缺失数据监测站点与完整监测站点的相关的信息进行数据的修复工作。而且由每一组相似序列值所建立的模型，对属于该类不同缺失比率（10% ~80%）监测站点序列都适合，这样一来大量地减轻了大样本数据处理工作，而且修复精度又得到可靠的保障。

实验证明，本书提出的 SOM-FLSSVM 混合数据修复模型与其他的一些传统的数据插补模型相比，其精度有很大的提高，为开展高精度民勤绿洲地下水动态预测提供了可靠的数据保障。

（3）传统的方法在处理多维序列时，需要大量而烦琐的工作。而且这些方法往往在处理多维序列时很难保障其模拟精度，以至于难以开展科学研究。为了对多维的地下水埋深序列进行准确的动态模拟预测，本书提出了基于小波变换与果蝇优化算法的最小二乘支持向量机（WA-FLSSVM）混合模型。

应用所建的时空数据修复方法，修复所有的缺失值，并进行小波变换处理，降低该序列的噪声影响；再进行果蝇优化算法（fruit fly optimization algorithm，FOA）对多输入多输出最小二乘支持向量机（LSSVM）模型进行优化，寻找最优的相关参数，建立最优的模型，并选择适当的训练、测试和验证集。通过实验结果，来证明本书所建立的混合模型相比于其他模型，提高了预测精度。最后，将建立好的混合模型应用于修复完整的民勤县地下水埋深数据集，进行研究区提前12个月的预测，为准确地预报研究区地下水时空分布提供了可靠的数据。图1.3为时空序列预测示意图。

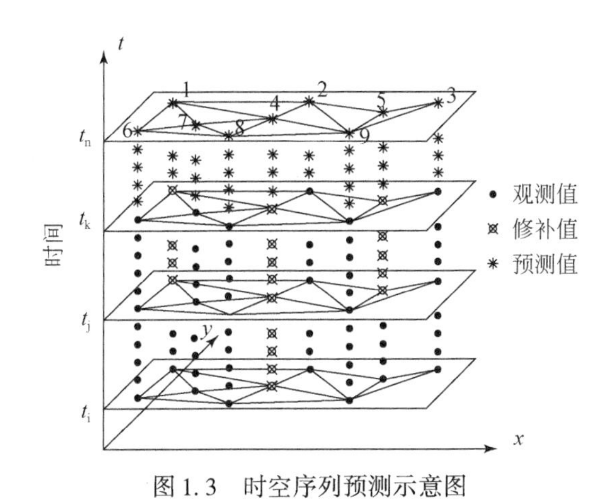

图1.3 时空序列预测示意图

数字1～9表示9个空间监测站点；四个平行四边形代表四个不同的时间的监测面

（4）在进行时空克里格插值选择时空变异函数时，为了避免选择时空变异函数时人为因素的影响，避免在求解每种变异函数参数时计算过程的复杂性及SVM和LSSVM的多个参数在建立空间半变异函数时的影响，本书提出了利用GRNN拟合时空半变异函数。该模型的参数少且确定简便，而且该方法能够自适应拟合时空克里格中的变异函数，极大地提高了插值的效率和精度，是一种具有普适性、高精度的时空插值方法，将为空间模拟研究提供很有价值的技术。

1.5 本章小结

本章主要说明研究的目的和意义，介绍了时空预测及地下水埋深时空预测、地下水埋深数据缺失概况、时域动态模拟预测、空间插值、混合模型等问题的研究进展，并提出目前相关研究方法存在的不足，针对目前存在的问题提出了相应的研究方案。

第2章　时空预测混合建模理论与方法

地下水埋深时空预测研究，以研究区的多个监测点的长期监测的数据为基础，基于时空序列分析、时空数据缺失数据修复、时空序列时域动态预测、时空插值、混合建模等理论，通过对实测有缺失时空序列的数据修复、时空序列时域预测、基于时空序列的时空插值来实现民勤绿洲地下水埋深未来动态的模拟研究。

传统的研究主要是基于平稳线性时间序列建模、非平稳线性时间序列建模、平稳线性时空序列建模、非平稳线性时空序列建模方法进行时空序列时域预测研究的，在机器学习、人工智能飞速发展的背景下，本书运用非平稳非线性时间序列建模、非平稳非线性时空序列建模理论构建了时空序列缺失数据修复模型。

本章主要介绍本书在区域地下水埋深时空预测研究中运用的理论与方法，如时空序列预测理论、非线性分析方法（SOM、LSSVM、GRNN 等）、参数优化方法、FOA、网格搜索、交叉验证（cross validation，CV）、小波消噪（wavelet noise reduction，WD）等。

2.1　时空序列预测理论

时空数据是对现实世界中时空特征和过程的抽象概括，具有海量、动态、高维、多尺度、时空相关和异构性、时空异质性、非线性等特征。时空数据一般分为四种主要类型：空间和时间均离散数据，空间离散而时间连续数据，空间连续而时间离散数据，空间和时间均连续数据。地理时空数据通常指在空间和时间均离散（如土地利用类型、房地产价格、国民生产总值等经济统计序列）和在空间连续而时间离散（如地下水埋深空间分布、降雨量分布、空气污染浓度分布、土壤重金属含量分布等自然地理现象序列）的数据。本书通过探讨空间连续而时间离散时空数据的分析、建模及预测，揭示空间和时间均连续数据的动态变化。

时空动态在 GIS 中通过时间在四维时空可视几何体中是作为一个传统维或轴来表达，也就是说，在 $\{(x, y, z, t) \mid x, y, z, t \in R\}$ 中，t 在超立方体的坐标空间中表示时间，其动态的研究，主要是通过分布于研究区的特定监测点上的长期监测时空序列来实现的。

时空序列数据本质上就是一些在空间上具有关联性的时间序列数据，是时空的组合，空间数据和时间序列的一些性质在时空域中并不完全保持一致。虽然其他学者对单一时间序列和空间数据的性质已有深入的研究，但这些性质可能对时空数据并不完全适用。时空序列数据与一般的时间序列数据和空间数据相比，时空依赖性、时空异质性是其最主要的特征。研究时空序列的性质对于时空序列数据的建模非常重要。时空序列数据的建模必须整合可能存在的时空依赖才能更好地表示时空模式和时空关系。

时间序列分析理论和时空序列分析理论之间的差异的关系，常常是初学者难以理解的部分，本书着重从时间序列的概念、时间序列平稳性理论、平稳时间序列建模、平稳时间序列预测、时空序列的概念、时空序列平稳性理论、平稳时空序列建模、平稳时空序列预测等理论进行介绍。

2.1.1　时间序列分析

所谓（随机）时间序列，简单地说，就是按某种次序排列的一组随机变量：

$$\{X_t: t \in T\} \tag{2.1}$$

例如，以 X_t 表示某股票在第 t 个交易日的最高价，则得时间序列：

$$\{X_t: t \in \{1, 2, \cdots, n\}\} \tag{2.2}$$

当获得了时间序列 $\{X_t: t \in T\}$ 中每一随机变量 X_t 的观测值 x_t，$t \in T$ 后，就得到了该序列的“一次实现”或“一条轨道”：

$$\{x_t: t \in T\} \tag{2.3}$$

时间序列分析的主要任务就是，依据观测数据的特点，为之建立尽可能合理的统计模型，然后利用模型的统计特性，去揭示数据的统计规律，以达到控制或预测的目的。

2.1.2　时间序列平稳性理论

时间序列平稳性一般分为严平稳和宽平稳两种，严平稳是一种条件比较苛刻的平稳性定义，它认为只有当序列所有的统计性质都不会随着时间的推移而发生变化时，该序列才能被认为平稳。宽平稳是使用序列的特征统计量来定义的一种平稳性。认为序列的统计性质主要由它的低阶矩决定，只要保证序列低阶矩平稳，就能保证序列的主要性质近似稳定。

一般而言，严平稳比宽平稳苛刻。通常情况下，严平稳能推出宽平稳成立，而宽平稳不能反推严平稳成立，但是有例外。所以，严平稳不是绝对的宽平稳，宽平稳的序列一般都是非严平稳的。但是当序列服从多元正态分布时，宽平稳可以推出严平稳，从而在建立平稳时间序列模型前，一般要进行序列正态性检验。若序列服从正态分布，则只需满足宽平稳条件就可进行平稳序列建模。

2.1.3 平稳时间序列建模

最常用的平稳序列的模型为自回归移动平均（ARMA）模型。ARMA 模型又可细分为 AR 模型、MA 模型和 ARMA 模型三大类，下面对三种模型做简单介绍。

1. AR（p）模型

具有如下结构的模型称为 p 价自回归模型，简记为 AR（p）：

$$x_t=\varphi_0+\varphi_1 x_{t-1}+\varphi_2 x_{t-2}+\cdots+\varphi_p x_{t-p}+\varepsilon_t \tag{2.4}$$

式中，$\varphi_p \neq 0$，p 阶自回归模型 $\varepsilon_t \sim WN(0, \sigma_\varepsilon^2)$，$Ex_s\varepsilon_t=0$，$s<t$。

当 $\varphi_0=0$ 时，称为中心化的 AR（p）模型。非中心化的 AR（p）序列都可转化为中心化 AR（p）序列。特别地，对于中心化 AR（p）序列，有 $Ex_t=0$。另外中心化 AR（p）模型的协方差、自相关系数、偏自相关相关系数分别如下。

1）AR（p）模型的协方差

$$\gamma(k)=\varphi_1\gamma(k-1)+\varphi_2\gamma(k-2)+\cdots+\varphi_p\gamma(k-p) \tag{2.5}$$

2）AR（p）模型的自相关函数

平稳时间序列有自相关函数 $\rho(k)=\gamma(k)/\gamma(0)$，在自协方差函数的递推公式［式（2.5）］等号两边同除以方差函数 $\gamma(0)$，就得到自相关函数的递推公式：

$$\rho(k)=\varphi_1\rho(k-1)+\varphi_2\rho(k-2)+\cdots+\varphi_p\rho(k-p) \tag{2.6}$$

根据式（2.6）可以推出，平稳 AR（p）模型的自相关函数有两个显著的性质：①拖尾性，指自相关函数 $\rho(k)$ 始终有非零取值，不会在 k 大于某个常数之后就恒等于零；②负指数衰减性，即随着时间的推移，自相关函数 $\rho(k)$ 会迅速衰减，且以自相关函数差分方程特征根的负指数 λ_i^{-k} 的速度在减小。

3）AR（p）模型的偏自相关系数

对于一个平稳 AR（p）模型，求出滞后 k 自相关系数 $\rho(k)$ 时，实际上得

到的并不是 x_t 与 x_{t-k}之间单纯的相关关系。因为这个 $\rho(k)$ 还会受到中间 $k-1$ 个随机变量 x_{t-1}，x_{t-2}，…，x_{t-k+1}的影响，即这 $k-1$ 个随机变量既与 x_t 又与 x_{t-k}具有相关关系。为了能单纯测度 x_t 与 x_{t-k}之间的相关关系，引进了时间序列偏自相关函数（partial autocorrelation function），简记为 PACF。它是在剔除了中间 $k-1$ 个随机变量的干扰之后的滞后 k 自相关系数，计算公式为

$$\rho(x_t, x_{t-k} \mid x_{t-1}, \cdots, x_{t-k+1}) = \frac{E[(x_t-\hat{E}x_t)(x_{t-k}-\hat{E}x_{t-k})]}{E[(x_{t-k}-\hat{E}x_{t-k})^2]} \tag{2.7}$$

式中，$\hat{E}x_t = E[x_t \mid x_{t-1}, \cdots, x_{t-k+1}]$，$\hat{E}x_t = E[x_t \mid x_{t-1}, \cdots, x_{t-k+1}]$，$\hat{E}x_{t-k} = E[x_{t-k} \mid x_{t-1}, \cdots, x_{t-k+1}]$。

依据 Yule-Walker 方程，由 Gramer 法则，得

$$\varphi_{kk} = \frac{D_k}{D} \tag{2.8}$$

式中，

$$D = \begin{vmatrix} 1 & \rho_1 & \cdots & \rho_{k-1} \\ \rho_1 & 1 & \cdots & \rho_{k-2} \\ \vdots & \vdots & 1 & \vdots \\ \rho_{k-1} & \rho_{k-2} & \cdots & 1 \end{vmatrix}, \quad D_k = \begin{vmatrix} 1 & \rho_1 & \cdots & \rho_1 \\ \rho_1 & 1 & \cdots & \rho_2 \\ \vdots & \vdots & 1 & \vdots \\ \rho_{k-1} & \rho_{k-2} & \cdots & \rho_k \end{vmatrix}$$

可以证明对于平稳 AR（p）模型，当 $k>p$ 时，有 $D_k=0$，这样 $\varphi_{kk}=0$。也就是说平稳 AR（p）模型的偏自相关系数具有 p 步截尾性。

2. MA（p）模型

具有如下结构的模型称为 q 阶移动平均，简记为 MA（p）：

$$x_t = \mu + \varepsilon_t - \theta_1\varepsilon_{t-1} - \theta_2\varepsilon_{t-2} - \cdots - \theta_q\varepsilon_{t-q} \tag{2.9}$$

其中包含两个限制条件：模型的最高阶数为 q，即 $\theta_q \neq 0$；随机干扰序列 ε_t 为零均值的白噪声序列，即 $\varepsilon_t \sim WN(0, \sigma_\varepsilon^2)$。

当 $\mu=0$ 时，式（2.9）又称为中心化的 MA（p）模型。

1）MA（p）模型的自协方差

平稳 MA（p）模型的自协方差只与滞后阶数 k 相关，且 q 阶截尾。

当 $k=0$ 时，

$$\gamma(0) = \mathrm{Var}(x_t) = (1+\theta_1^2+\theta_2^2+\cdots+\theta_q^2)\sigma_\varepsilon^2$$

当 $k>q$ 时，$\gamma(k)=0$；当 $1\leqslant k\leqslant q$ 时，有

$$\gamma(k) = E(x_t x_{t-k}) = (-\theta_k + \sum_{i=1}^{q-k}\theta_i\theta_{k+1})\sigma_\varepsilon^2 \tag{2.10}$$

2）MA（p）模型的自相关系数

平稳 MA（p）模型的自相关系数为

$$\rho_k=\frac{\gamma(k)}{\gamma(0)}=\begin{cases}1, & k=0\\ \dfrac{-\theta_k+\sum_{i=1}^{q-k}\theta_i\theta_{k+1}}{1+\theta_1^2+\cdots+\theta_q^2}, & 1\leqslant q\leqslant k\\ 0, & k>q\end{cases}\tag{2.11}$$

3）MA（p）模型的偏自相关系数

在中心化的平稳 MA（p）模型场合，滞后 k 阶偏自相关系数为

$$\varphi_{kk}=\frac{E\left(x_t x_{t-k}\mid x_{t-1},\ \cdots,\ x_{t-k+1}\right)}{\mathrm{Var}\left(x_{t-k}\mid x_{t-1},\ \cdots,\ x_{t-k+1}\right)}\tag{2.12}$$

平稳 MA（p）模型的偏自相关系数具有拖尾性。

4）ARMA（p，q）模型

具有如下结构的模型称为自回归移动平均模型，简记为 ARMA（p，q）：

$$x_t=\varphi_0+\varphi_1x_{t-1}+\varphi_{t-2}x_{t-2}+\cdots+\varphi_p x_{t-p}+\varepsilon_t-\theta_1\varepsilon_{t-1}-\theta_2\varepsilon_{t-2}-\cdots-\theta_q\varepsilon_{t-q}$$

若 $\varphi_0=0$，该模型称为中心化 ARMA（p，q）模型。模型的限制条件与 AR（p）模型、MA（p）模型相同。

显然，当 $q=0$ 时，ARMA（p，q）模型就退化成 AR（p）模型；当 $p=0$ 时，ARMA（p，q）模型就退化成 MA（p）模型。所以，AR（p）模型和 MA（p）模型实际上是 ARMA（p，q）的特例，它们统称为 ARMA 模型。而 ARMA（p，q）模型的统计性质也正是AR（p）模型和 MA（p）模型统计性质的有机组合。

总结 AR（p）模型、MA（p）模型和 ARMA（p，q）模型的自相关系数和偏自相关系数的规律，从而得到模型的定阶原则，见表 2.1。

表 2.1　拖尾性和截尾性

模型	自相关系数 ρ_k	偏自相关系数 φ_{kk}
AR（p）	拖尾	p 阶截尾
MA（q）	q 阶截尾	拖尾
ARMA（p，q）	拖尾	拖尾

但是实践中，不能简单地依据上述规律确定模型。由于样本的随机性影响，样本的相关系数不会呈现出理论推证的完美截尾性，本应截尾的样本自相关系数

或偏自相关系数可能呈现出小值振荡的情况，而且在延迟若干阶之后衰减为小值波动。

实践中，什么情况下该看作相关系数截尾，什么情况下该看作相关系数在延迟若干阶之后正常衰减到零值附近作拖尾波动呢？若样本自相关图显示除了延迟1至3阶的自相关系数在2倍标准差范围之外，其他阶数的自相关系数都在2倍标准差范围内波动。根据自相关系数的这个特点可以判断该序列具有短期相关性，进一步确定序列平稳；自相关系数衰减向零的过程有明显的正弦波动轨迹，则认为自相关系数衰减到零不是一个突然的过程，而是一个有连续轨迹的过程，这是相关系数拖尾的典型特征；偏自相关系数除了1至2阶偏自相关系数在2倍标准差范围之外，其他阶数的自相关系数都在2倍标准差范围内做小值无序波动，这是一个典型的相关系数2阶截尾特征。

综上所述，平稳时间序列建模的一般步骤如图2.1所示。

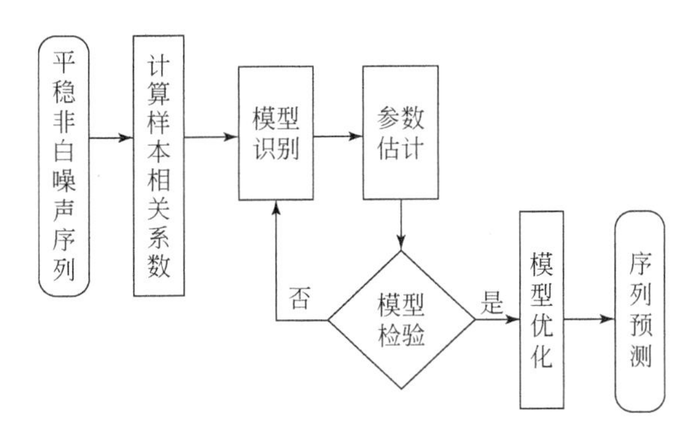

图2.1　平稳时间序列建模流程图（Hasan and Shamsuddin，2011）

2.1.4　平稳时间序列预测

时间序列预测就是利用序列已有观察值对序列在未来某时刻的取值进行估计。线性最小方差预测是常用的预测方法。线性是指预测值为观察值序列的线性函数，最小方差是指预测方差达到最小。线性预测理论体系完整，实践中也能得到较理想的预测结果，但是由于现实世界的非线性本质，实际问题中非线性现象更为普遍，线性现象只是特例，所以，非线性预测更结合实际，也有更高的准确性。但是，要理解非线性预测必须了解线性预测理论，下面简单介绍ARMA（p，q）线性预测和非线性时间序列预测理论。根据ARMA（p，q）模型的平稳性和可逆性理论，可以用Green函数的传递形式和逆转函数的逆转形式等价描述该序列：

$$x_t = \sum_{i=0}^{\infty} G_i \varepsilon_{i-1} \tag{2.13}$$

$$\varepsilon_t = \sum_{j=0}^{\infty} I_j x_{t-j} \tag{2.14}$$

式（2.13）中，G_i 为 Green 函数：

$$G_i = \begin{cases} 1, \; i=0 \\ \sum_{k=1}^{i} \varphi'_{ki} G_{i-k} - \theta'_k, \; i \geqslant 1 \end{cases} \tag{2.15}$$

式（2.15）中：

$$\varphi'_k = \begin{cases} \varphi_k, \; 1 \leqslant k \leqslant p \\ 0, \; k > p \end{cases}, \quad \theta'_k = \begin{cases} \theta_k, \; 1 \leqslant k \leqslant p \\ 0, \; k > p \end{cases} \tag{2.16}$$

式（2.14）中，I_i 为逆转函数：

$$I_j = \begin{cases} 1, \; j=0 \\ \sum_{k=1}^{j} \varphi'_k I_{j-k} - \theta'_k, \; j \geqslant 1 \end{cases} \tag{2.17}$$

式中，φ'_k 和 θ'_k 定义见式（2.16）。

把式（2.14）代入式（2.13）中，可得

$$\begin{aligned} x_t &= \sum_{i=0}^{\infty} G_i \Big(\sum_{j=0}^{\infty} I_j x_{t-i-j} \Big) \\ &= \sum_{i=0}^{\infty} \sum_{j=0}^{\infty} G_i I_j x_{t-i-j} \end{aligned} \tag{2.18}$$

式中，x_t 为历史数据 x_{t-1}，x_{t-2}，…的线性函数。不妨简记为

$$x_t = \sum_{i=0}^{\infty} G_i x_{t-1-i} \tag{2.19}$$

于是，任意将来时刻 $t+l$ 预测，只知 x_t，x_{t-1}，x_{t-2}，…的值，而 x_{t+l-1}，x_{t+l-2}，…，x_{t+1}未知。根据线性函数的可加性，可知所有未知信息都可以用已知信息的线性函数表示出来，并用该函数进行估计：

$$\hat{x}_{t+l} = \sum_{i=0}^{\infty} \hat{D}_i x_{t-i} \tag{2.20}$$

用 e_t（l）衡量预测误差：

$$e_t(l) = x_{t+l} - \hat{x}_{t+l} \tag{2.21}$$

预测的误差越小预测的精度就越高。最常用的预测原则是预测误差的方差最小法：

$$V=\min\ \{\mathrm{Var}\ [e_t\ (l)]\} \tag{2.22}$$

因为 $\hat{x}_{t+l}$ 为 x_t，x_{t-1}，x_{t-2}，…的线性函数，所以也称为线性预测方差最小法。

在线性预测方差最小法下得到的估计值 $\hat{x}_{t+l}$ 是在序列 x_t，x_{t-1}，x_{t-2}，…已知的情况下得到的条件无偏最小方差估计值。且预测方差只与预测步长 l 有关，而与预测起始点 t 无关。但预测步长 l 越大预测值的方差越大，因此只适合于短期预测。在正态假定下，估计值 $\hat{x}_{t+l}$ 的 $1-\alpha$ 的置信区间为

$$\hat{x}_{t+l}\pm z_{1-\alpha/2}(1+G_1^2+\cdots+G_{l-1}^2)^{1/2}\sigma_s \tag{2.23}$$

式中，σ_s 为分布标准标。

2.1.5　时空序列基本概念

一般来说，由传统的时间序列在空间上进行扩展所得到的序列称为时空序列，也就是说，时空序列是空间维度上多个相关时间序列形成的集合（王佳璆，2008）。时空序列预测是根据已知的时空序列观测数据，基于序列间的时空相关性、时空异质性和非线性影响理论，挖掘时空序列的特性与内在规律，建立时空预测模型，从而对未来的时空数据值进行预测。

假设预测目标对象为 O_0，而与该预测目标对象具有空间关系的相邻对象为 O_1，O_2，…，O_n，构造的时空序列如下：

$$f\ (t)\ =\ \{f_i^j(t),\ t\in\ (t_0,\ t_e),\ i=1,\ \cdots,\ 4;\ 0\leqslant j\leqslant n\} \tag{2.24}$$

式中，n 为相邻对象的数；$f_1^0(t)$ 为目标对象的历史同期序列；$f_2^0(t)$ 为目标对象的连续时间近邻数据序列；$f_3^j(t)$ $j=1,\ 2,\ \cdots,\ n$，为目标的相邻对象历史同期数据序列；$f_4^j(t)$ 为目标的相邻对象的连续时间近邻数据序列；t_0 为序列初始时刻；t_e 为序列终止时刻。

2.1.6　时空序列平稳性理论

时空平稳性的直观释义是序列中不存在任何趋势，其统计意义就是均值、方差、协方差等都不随时间的演变和空间位置的不同而发生变化。时空平稳性是时空同质性的数学表达（林辉等，2007）。时空异质性序列存在时空效应，它可以

是大尺度的趋势，也可以是局部效应。一般，前者称为“一阶”效应，它描述的是某一变量的时空序列均值的总体变化性；后者则称为“二阶”效应，是后时空依赖性所产生的。“二阶”效应表达的是时空序列在时间上为相邻间隔和空间上近邻位置数值相互趋同的倾向，也就是常说的“二阶”平稳。传统的时间序列分析和空间数据分析对于“一阶”效应能够有效地建模。例如，相关技术描述“一阶”效应，在时间序列分析中用时间的函数来描述时间序列沿着时间变化的趋势，在空间数据分析中采用趋势面分析描述空间数据随地理空间坐标变化的趋势。而“二阶”效应是对时空相关性局部特征的描述。传统的时间序列分析和空间数据分析对于“二阶”效应能够有效地建模。例如，自相关技术描述“二阶”效应，在时间序列分析中采用自相关移动平均模型描述时间依赖造成的时间相关局部特征，在空间序列数据分析中，空间自相关模型是对空间相关性局部特征的描述。对于日益增长的时空序列数据，必须有一套一体化的模型来处理时间和空间“一阶”和“二阶”效应，而不是分开来处理。

1. 空间平稳

在地统计学中，空间平稳过程是把连续的空间变量认为是不随位置而发生变化的随机过程。假设有 N 个空间相互独立的位置 Z_1，Z_2，…，Z_N 是由一联合分布的随机变量生成。如果可以数量化地确定空间数据的概率分布，就能确定空间任意一个位置数据的概率，即点 z_1，z_2，…，z_N 代表一个联合概率分布函数 $p(z_1, z_2, \cdots, z_N)$的某一特定结果。与时间序列类似，在空间中任意位置的观测 z_i 可以认为是由条件概率分布函数 $p(z_i \mid z_1, z_2, \cdots, z_N)$ 生成，也就是说，$p(z_i \mid z_1, z_2, \cdots, z_N)$是给定相邻观测值 z_1，z_2，…，$z_N(t)$ 的条件概率分布。空间平稳过程为其联合分布和条件均不随空间位置而变化的过程。换言之，如果空间过程 z_i 是平稳的，则空间范围内对任意位置的点 $i+h$ 和 $i+h$，都有

$$p(z_i \mid z_1, z_2, \cdots, z_N) = p(z_{i+h} \mid z_1, z_2, \cdots, z_N) \tag{2.25}$$

即空间数据的数学期望（或均值）

$$\mu_{z_i} = E(z_i) \tag{2.26}$$

不随位置 i 的变化而变化，也就是说

$$E(z_i) = E(z_{i+h}) \tag{2.27}$$

空间数据的方差

$$\sigma_{z_i}^2 = E[(z_i - \mu_{z_i})^2] \tag{2.28}$$

空间数据的协方差

$$\gamma_i = \mathrm{Cov}(z_i(t), z_{i+h}(t)) = E[(z_i - \mu_{z_i})(z_{i+h} - \mu_{z_i})] \tag{2.29}$$

也是平稳的，所以有

$$\mathrm{Cov}\ (z_i,\ z_{i+h}) = \mathrm{Cov}\ (z_{i+\tau},\ z_{i+h+\tau}) \tag{2.30}$$

式中，h 和 τ 为空间延迟距离。

一般情况下，平稳性对空间数据的要求过于严格，只存在理论上的可能，没有应用价值，因此，一般只要求二阶平稳或固有假设。

2. 时空平稳

通过时间平稳性和空间平稳性可以推导出时空平稳的性质，即时空序列 $z_i\ (t)$ 的均值

$$\mu_{z_i(t)} = E\ [z_i\ (t)] \tag{2.31}$$

是平稳的，则满足：

$$E\ [z_i\ (t)]\ = E\ [z_{i+h}\ (t+k)],\ (i=1,\ \cdots,\ N;\ t=1,\ \cdots,\ T) \tag{2.32}$$

式中，h 为空间延迟距离；k 为时间延迟距离。

对于样本数据，时空序列的均值为

$$\mu_{z_i(t)} = \frac{\sum_i^N \sum_i^T z_i(t)}{NT},\ (i=1,\ \cdots,\ N;\ t=1,\ \cdots,\ T) \tag{2.33}$$

时空变量的方差

$$\sigma^2_{z_i(t)} = E\ [(z_i\ (t)\ -\mu_{z_{i(t)}})^2],\ (i=1,\ \cdots,\ N;\ t=1,\ \cdots,\ T) \tag{2.34}$$

也是平稳的，所以有

$$E\ [(z_i\ (t)\ -\mu_{z_i(t)})^2]\ = E\ [(z_{i+h}\ (t+k)\ -\mu_{z_{i+h}(t+k)})^2],\ (i=1,\ \cdots,\ N;\ t=1,\ \cdots,\ T) \tag{2.35}$$

对于时间延迟 k 和空间延迟 h，样本方差为

$$\sigma^2_{z_i(t)} = \frac{1}{kh}\sum_i^N \sum_i^T\ (z_i(t)\ -\mu_{z_i(t)})^2,\ (i=1,\ \cdots,\ N;\ t=1,\ \cdots,\ T) \tag{2.36}$$

对于时间延迟 k 和空间延迟 h，样本协方差

$$\gamma_{i+h} = \mathrm{Cov}\ (z_i\ (t),\ z_{i+h}\ (t+k))\ = E\ [\ (z_i\ (t)\ -\mu_{z_i(t)})\ (z_{i+h}\ (t+k)\ -\mu_{z_{i+h}(t)})] \tag{2.37}$$

也是平稳的。样本的协方差计算如下：

$$\gamma_{i+h} = \frac{1}{kh}[\ \sum_i^N \sum_t^T (z_i(t)\ -\mu_{z_i(t)})\ ][\ \sum_i^N \sum_t^T (z_{i+h}(t+k)\ -\mu_{z_{i+h}(t)})\ ] \tag{2.38}$$

协方差函数是时空延迟的函数，体现了时空序列过程的相关性和变异性，是时空序列过程统计分析的一项重要的指标。在空间领域中，面状数据空间协方差

是空间延迟的离散函数，不同延迟的协方差与不同阶的空间权重矩阵 W 的构建方法密切相关，连续数据的空间协方差是空间延迟的连续函数，常用的函数形式有线性、球状、指数、高斯等。与之对应，时空离散数据协方差一般采用时空延迟的离散形式，时空连续数据一般采用时空延迟的连续函数（Poloczek and Kramer，2014）。

由以上可知，对于一个时空平稳的时空变量 $z_i(t)$，其均值为常量，在空间上不随位置 i 变化，时间上均值不随时间 t 发生变化。对于时间延迟 k 和空间延迟 h，时空上的方差和协方差都在时间和空间上是不发生变化的常量。由于时空平稳只存在理论上的可能性，通常在应用中并不要求这么严格，因此，可以放宽它的要求，只要求时空序列的均值和方差为常数，协方差为时间延迟 k 和空间延迟 h 的函数，即时空协方差函数。因此，对一个时空平稳过程来说，时空建模就是要找一个适当的时空协方差函数来描述时空序列在时间和空间变异。

3. 延迟算子

1）空间延迟算子

空间延迟算子（spatial lag operator）用于表示某一空间位置上的变量值受邻近空间位置变量值影响的操作，用 L 表示。空间数据中任意一个空间位置的变量值受邻近空间单元变量值的影响都可以用邻近空间单元值的加权平均来表示（李小玉、肖笃宁，2005），则有

$$L^{(0)}z_i = z_i,\ L^{(1)}z_i = \sum_{j=1}^{N} w_{ij}^{(1)} z_i,\ \cdots,\ L^{(b)}z_i = \sum_{j=1}^{N} w_{ij}^{(b)} z_i \tag{2.39}$$

式中，$w_{ij}^{(b)}$ 为空间点 z_i 的 b 阶空间延迟权重系数响应，$\sum_{j=1}^{N} w_{ij}^{(b)} = 1$。如果定义 $\sum_{j=1}^{N} w_{ij}^{(b)} = W^{(b)}$，则式（3. 39）的向量形式为

$$L^{(0)}z_i = I_N z_i,\ L^{(1)}z_i = W^{(1)}z_i,\ \cdots,\ L^{(b)}z_i = W^{(b)}z_i \tag{2.40}$$

2）时空延迟算子

对于时空序列来说，时空延迟算子（space-time lag operator）表示时空变量同时受时空延迟和空间延迟影响的操作（Feng et al.，2014），用 $B^{(k)}L^{(h)}$ 表示，其中，k 和 h 分别表示时间延迟期数和空间延迟阶数，因此有

$$z_i(t-1) = B^{(1)}L^{(0)}z_i(t) \tag{2.41}$$

$$\sum_{j=1}^{N} W_{ij}^{(1)} z_i(t-1) = B^{(1)}L^{(1)}z_i(t) \tag{2.42}$$

$$\sum_{j=1}^{N} W_{ij}^{(b)} z_i(t-k) = B^{(k)} L^{(b)} z_i(t) \tag{2.43}$$

在空间延迟算子定义的基础上，时空变量 z_i（t）可表示为（Poloczek and Kramer，2014）

$$z_i(t) = \sum_{k=1}^{p} \sum_{h=o}^{m_k} \varphi_{kh} L^{(h)} z_i(t-k) - \sum_{k=1}^{q} \sum_{h=0}^{n_i} \theta_{kh} L^{(h)} \varepsilon_i(t-l) + \varepsilon_i(t) \tag{2.44}$$

式中，p 为时间自相关阶数；q 为时间移动平均阶数；$L^{(h)}$ 为空间延迟算子；m_k 为第 k 个时间自相关项的空间阶数；n_i 为第 i 个时间移动平均项的空间阶数；φ_{kh} 和 θ_{kh} 为系数；ε_i（t）为随机误差。则有

$$E\left[\varepsilon_i(t)\right]=0 \tag{2.45}$$

$$E\left[\varepsilon_i(t)\ \varepsilon_i(t+s)\right]=\begin{cases}\sigma^2, & i=j,\ s=0\\ 0\end{cases} \tag{2.46}$$

ε（t）服从均值为零的正态分布。式（2.44）写成向量的形式为

$$z_i(t) = \sum_{k=1}^{p} \sum_{h=0}^{m_k} \varphi_{kh} W^{(h)} z(t-k) - \sum_{k=1}^{q} \sum_{h=0}^{n_i} \theta_{kh} W^{(h)} \varepsilon(t-l) + \varepsilon_i(t) \tag{2.47}$$

式中，$w^{(h)}$ 为邻接矩阵；$z_{(t)}$ 为 $z_{i(t)}$ 列向量形式，引入时空延迟算子，则式（2.47）可以写成

$$z_i(t) = \sum_{k=1}^{p} \sum_{h=o}^{m_k} \varphi_{kh} B^{(k)} L^{(h)} z_i(t) - \sum_{l=1}^{q} \sum_{h=0}^{n_i} \theta_{kh} B^{(l)} L^{(h)} \varepsilon_i(t) + \varepsilon_i(t) \tag{2.48}$$

由此可知，STARMA 模型可以同时实现多个空间单元的外推或预测。对于一阶时间延迟和一阶空间延迟的 STARMA 模型具体表达式为

$$\begin{aligned} z_i(t) =& \varphi_{10} z_i(t-1) + \varphi_{11} L^{(1)} z_i(t-1) + \varepsilon_i(t) \\ & -\theta_{10}\varepsilon_i(t-1) - \theta_{11} L^{(1)} \varepsilon_i(t-1) \end{aligned} \tag{2.49}$$

对于一阶时间延迟和二阶空间延迟的 STARMA 模型具体表达为

$$\begin{aligned} z_i(t) =& \varphi_{10} z_i(t-1) + \varphi_{11} L^{(1)} z_i(t-1) + \varphi_{12} L^{(2)} z_i(t-1) + \varepsilon_i(t) \\ & -\theta_{10}\varepsilon_i(t-1) - \theta_{11} L^{(1)} \varepsilon_i(t-1) - \theta_{12} L^{(2)} \varepsilon_i(t-1) \end{aligned} \tag{2.50}$$

对于式（2.44），类似于 ARMA 模型：

当 $q=0$ 时，方程变为时空自相关模型（STAR），即

$$z_i(t) = \sum_{i=1}^{p} \sum_{h=0}^{m_k} \varphi_{kh} L^{(h)} z_i(t-k) \tag{2.51}$$

当 $p=0$ 时，方程变为时空移动平均模型（STMA），即

$$z_i(t) = \varepsilon_i(t) - \sum_{i=1}^{q} \sum_{h=0}^{n_i} \theta_{kh} L^{(h)} \varepsilon_i(t-l) \tag{2.52}$$

2.1.7 平稳时空序列建模

时空数据有很多特征，时空相关性（或依赖性）、时空非平稳性（或异质性）是时空序列的最主要的特征。本书仅对时空数据的自相关性和平稳性两个方面进行介绍。

自相关性分析是指检测不同对象的同一属性变量是否存在相关性。时空自相关（space-time autocorrelation）是时空数据的本质特征，表达了时空序列在时间域和空间域上的自相关性，时空自相关函数是研究时间和空间单元与其周围单元存在的相关程度的度量。本章前面已经介绍了时间自相关（temporal dependence），下面在时间自相关和空间自相关（spatial dependence）的基础上讨论时空自相关。

1. 空间自相关

Tobler（1970）指出，地理学第一定律为：任何东西与别的东西之间都是相关的，但是距离近的东西比距离远的东西相关性更强。空间自相关统计量表示的是某位置上的数据与其他位置上的数据之间相互依赖的程度，这种依赖通常被称为空间依赖。由于地理数据受空间相互作用和空间扩散的共同影响，彼此之间可能不再是相互独立的，而是相关的（Cressie and Majure，1997）。

空间自相关是空间地理数据的重要性质，它所描述的是同一变量在空间区域的位置 i 与其邻近位置 j 的相关性。对于任一空间变量 z，空间自相关描述的是 z 的邻域值对于 z 相似或不相似的程度。如果跟邻近位置上的数值接近，则认为空间数据表现出的是正空间自相关；如果跟邻近位置上的数值不接近，则认为空间数据表现出的是负空间自相关。所以空间自相关实质上是根据位置相似性及属性相似性的匹配程度来定性的。可以通过空间权重矩阵 W 对位置的相似性来描述，而属性值的相似性一般是由交叉乘积 z_iz_j 或平方异差 $(z_i-z_j)^2$ 或绝对异差 $|z_i-z_j|$ 来描述。如果邻近空间位置上的属性值差异小，则说明是正空间自相关，如果邻近空间位置上的属性值差异大，则说明是负空间自相关。

目前有许多计算空间自相关性的方法，如 Moran's I、Geary's C、Getis and Ord G、Join count 指数、协方差函数、半变异函数等（张仁铎，2005）。下面重点介绍最为常用的 Moran's I 统计量。

Moran's I 统计量是应用最为广泛的空间自相关统计量，具体表达为

$$I = \frac{n}{\sum_{i=1}^{n}\sum_{j=1}^{n} w_{ij}} \times \frac{\sum_{i=1}^{n}\sum_{j=1}^{n} w_{ij}(s_i - \bar{s})(s_j - \bar{s})}{\sum_{i=1}^{n}(s_i - \bar{s})^2} \tag{2.53}$$

式中，I 为单位矩阵，w_{ij}为空间邻接矩阵，表示空间单元 i 与空间单元 j 之间的邻接关系。当 i 和 j 相邻时，$w_{ij}=1$，不相邻时为 0。

在空间变量 z 分布未知的情况下，一般需要对其分布预先做出假设，进行统计推断。常用方法有两种：一种是假设变量 z 服从正态分布；另一种是用随机化方法得到 z 的近似分布。首先对变量 z 进行正态分布或随机分布两种假设，然后分别通过 I 的期望值和方差对原假设进行检验（Schneider，2001）。

变量 z 在正态分布假设下 Moran's I 的期望值和方差分别为

$$E_n(I) = -\frac{1}{n-1} \tag{2.54}$$

$$\mathrm{Var}_n(I) = \frac{n^2 S_1 - nS_2 + 3S_n^2}{S_n^2(n^2-1)} - E_n^2(I) \tag{2.55}$$

在随机分布假设下 Moran's I 的期望值和方差分别为

$$E_N(I) = -\frac{1}{n-1} \tag{2.56}$$

$$\mathrm{Var}_N(I) = \frac{\{n[(n^2-3n+3)S_1 - nS_2 + 3S_n]\} - \{k[(n^2-n)S_1 - 2nS_2 + 6S_n^2]\}}{(n-1)(n-2)(n-3)S_n^2} - E_N(I)^2 \tag{2.57}$$

式中，

$$S_n = \sum_{i=1}^{n}\sum_{j=1}^{n} w_{ij};\quad S_1 = \frac{\sum_{i=1}^{n}\sum_{j=1}^{n}(w_i + w_j)}{2};\quad S_2 = \sum_{i=1}^{n}(w_i + w_j)^2$$

$$w_i = \sum_{j=1}^{n} w_{ij};\quad w_j = \sum_{j=1}^{n} w_{ji};\quad b_2 = \frac{n\sum_{i}^{n}(x_i - \bar{x})^4}{\left[\sum_{i}^{n}(x_i - \bar{x})\right]^2}$$

由式（2.56）可以得出 Moran's I 的结果介于−1 到 1 之间，大于 0 时为正相关，小于 0 时为负相关，等于 0 时不相关。Moran's I 值越大，表示空间分布的相关性越大，说明空间分布上具有聚分布的现象。Moran's I 值越小，表示空间分布的相关性越小。而当 Moran's I 值等于 0 时，则说明空间分布呈现随机分布的情形。

对观测值在空间上不存在空间自相关（观测值在空间上随机分布）这一原

假设进行检验时，一般需要将 Moran's I 值进行标准化处理，表示如下：

$$z_I = \frac{I - E(I)}{\sqrt{\mathrm{Var}(I)}} \tag{2.58}$$

对 Moran's I 值进行显著性检验，在 5% 显著水平下，如果 z_I 大于 1.96 或小于-1.96 时，表示研究范围内该现象的分布具有显著的相关性，即存在空间自相关性。而 z_I 介于-1.96 与 1.96 之间时，则表示研究范围内该现象空间自相关性较弱。

2. 时空自相关

1）时空自相关函数

时空自相关是对时间和空间整体相关的一个度量。参照对比时间相关分析与空间相关分析，定义时空自相关函数为（Chen and Shao，2011）

$$\rho_{h0}(k) = \frac{\gamma_{h0}(k)}{\sqrt{\sigma_h(0)\ \sigma_0(0)}} = \frac{\mathrm{Cov}([W^{(h)}Z(t)] \cdot [W^{(0)}Z(t+k)])}{\sqrt{\mathrm{Var}(W^{(h)}Z(t)) \cdot \mathrm{Var}(W^{(0)}Z(t+k))}} \tag{2.59}$$

式中，$\rho_{h0}(k)$ 为时空自相关系数；k 为时间延迟；h 为空间延迟；$W^{(h)}$ 为空间延迟为 h 的空间权重矩阵；$W^{(0)}$ 为空间延迟为 0 的空间权重矩阵；是单位矩阵，可以理解为每一个点都是其本身的第 0 阶邻域。其中，样本的时空协方差 $\hat{\gamma}_{h0}(k)$ 表达式为

$$\hat{\gamma}_{h0}(k) = \frac{\sum_{i=1}^{N}\sum_{i=1}^{T-k}[W^{(h)}s_i(t)][W^{(0)}s_i(t+k)]}{N(T-k)} \tag{2.60}$$

式中，N 为空间单元的个数。将式（2.60）代入式（2.59）得到样本时空自相关系数 $\hat{\rho}_h(k)$，表达式为

$$\hat{\rho}_h(k) = \frac{T}{T-k} \frac{\sum_{i=1}^{N}\sum_{i=1}^{T-k}[W^{(h)}s_i(t)][W^{(0)}s_i(t+k)]}{\sqrt{\sum_{i=1}^{N}\sum_{i=1}^{T}[W^{(h)}s_i(t)]^2 \sum_{i=1}^{N}\sum_{i=1}^{T}[W^{(0)}s_i(t)]^2}} \tag{2.61}$$

由式（2.61）可以得知，样本时空自相关系数可以反映当前时间 t 当前区域的样本与时间延迟 k 空间延迟 h 的样本存在的相关性的程度，其取值范围为-1 到 1，值越接近于 1，时空序列的自相关程度越高。

2）时空偏相关函数

与时间偏相关函数的 Yule-Walker 方程组类似，可以扩展出时空 Yule-Walker

方程组为

$$\hat{\gamma}_h(k)=\sum_{k=1}^{\Gamma}\sum_{h=1}^{\varphi}\varphi_{hk}\hat{\gamma}_{h-1}(k) \tag{2.62}$$

式中，φ_{hk}为时空协方差；k 为时间延迟；h 为空间延迟；Γ 为最大时间延迟；φ 为最大空间延迟；φ_{hk}为时空偏相关系数。

用矩阵形式可以表示为

$$\begin{bmatrix}\gamma(1)\\ \gamma(2)\\ \vdots\\ \gamma(k)\end{bmatrix}=\begin{bmatrix}\Gamma(0) & \Gamma(-1) & \cdots & \Gamma(1-k)\\ \Gamma(1) & \Gamma(0) & \cdots & \Gamma(2-k)\\ \vdots & \vdots & \ddots & \vdots\\ \Gamma(k-1) & \Gamma(k-2) & \cdots & \Gamma(0)\end{bmatrix}\begin{bmatrix}\varphi_1\\ \varphi_2\\ \vdots\\ \varphi_k\end{bmatrix} \tag{2.63}$$

式中，

$$\gamma(k)=\begin{bmatrix}\gamma_{00}(k)\\ \gamma_{10}(k)\\ \vdots\\ \gamma_{\chi0}(k)\end{bmatrix},\ \varphi_i=\begin{bmatrix}\varphi_{i0}\\ \varphi_{i1}\\ \vdots\\ \varphi_{i\chi}\end{bmatrix},\ \Gamma(k)=\begin{bmatrix}\gamma_{00}(k) & \gamma_{01}(k) & \cdots & \gamma_{0\chi}(k)\\ \gamma_{10}(k) & \gamma_{11}(k) & \cdots & \gamma_{1\chi}(k)\\ \vdots & \vdots & \ddots & \vdots\\ \gamma_{\chi0}(k) & \gamma_{\chi1}(k) & \cdots & \gamma_{\chi\chi}(k)\end{bmatrix} \tag{2.64}$$

解这个 Yule-Walker 方程组，可以得出偏相关系数 φ_{hk}。时空偏相关函数能够真实地反映 $z_{i+h}(t)$ 和 $z_i(t-k)$ 两个变量间的相关性，时空自相关函数和偏相关函数可以用来确定时空自相关过程的时间延迟 k 和空间延迟 h。

类似于时间自相关、偏相关函数，时空自相关、偏相关函数有以下四个用途。

（1）检验时空序列是否平稳。如果相关系数在时间延迟 k 和空间延迟 h 的情况下迅速地接近于 0，则说明该序列是平稳的，否则说明该序列不平稳。

（2）识别时空自相关模型 STAR（p）的时间延迟 p 和空间延迟 m，时空移动平模型 STMA（q）的时间延迟 q 和空间延迟 n，以及时空自相关移动平均模型 STARMA（p，q）的时间延迟 p，q 和空间延迟 m，n。

（3）模型检验。对序列建立模型后需要检验所建模型的合理性。若检验不通过，则调整（p，q）的值，重新估计参数和检验，反复进行直到接受为止，才能最终确定模型形式。进而可用时空自相关函数检验拟合后的残差是否为随机误差，若是则模型合理。由于随机误差过程是序列无关的，因此，随机误差过程的时空自相关函数和偏相关函数在相关图中均为等于 0 的水平直线。

(4) 识别时空序列的季节性。如果时空序列存在季节性，时空自相关系数也会呈现有规律的波动。

时空自相关表示对象属性在时域和空域上的依赖。时空自相关函数为

$$\rho_{h0}(k)=\frac{\gamma_{h0}(k)}{\sqrt{\sigma_h(0)\ \sigma_0(0)}}=\frac{\mathrm{Cov}\left(\left[W^{(h)}z(t)\right]\left[W^{(0)}z(t+k)\right]\right)}{\sqrt{\mathrm{Var}\left(W^{(h)}z(t)\right)\cdot\mathrm{Var}\left(W^{(0)}z(t)\right)}} \tag{2.65}$$

式中，$\rho_{h0}(k)$ 为时空自相关系数；k 为时间延迟；h 为空间延迟；$W^{(h)}$ 为空间延迟期为 h 的空间权重矩阵；$W^{(0)}$ 为空间延迟 0 期的空间权重矩阵；$\gamma_{h0}(k)$ 为时空协方差，样本时空协方差表达式为（Kamarianakis and Prastacos，2005；Pfeifer and Deutsch，1981）

$$\hat{\gamma}_{h0}(k)=\frac{\sum_{i=1}^{N}\sum_{t=1}^{T=K}\left[W^{(h)}z_i(t)\right]\left[W^{(0)}z_i(t)\right]}{N(T-k)} \tag{2.66}$$

时空偏相关函数 φ_{kh} 是去除 $z_{i+h}(t)$ 与 $z_i(t-k)$ 之间的变量影响的相关系数，能真实地反映变量 $z_{i+h}(t)$ 与 $z_i(t-k)$ 之间的相关性，其值可以由 Yule-Walker 方程组

$$\rho_h(k)=\sum_{k=1}^{\rho}\sum_{h=1}^{m_k}\varphi_{kh}\rho_{h-1}(k) \tag{2.67}$$

求解得到。时空偏相关函数是时间延迟 k 和空间延迟 h 的函数。时空自相关函数和偏相关函数可用于时空序列平稳检验、时空自回归（集成）移动平均模型 STARIMA$(p,\ q,\ m,\ n)$ 模型口径的确定、模型检验、时空序列季节性的识别。

2.1.8 时空序列预测

时空序列模型，根据模型的原理及实现方法可以分为：时空序列统计模型、时空序列动力学模型、时空插值分析模型、层次贝叶斯模型（王佳璆，2008）。时空序列统计模型通过时空自相关函数得到时空序列的分布模型，之后利用时空序列分布模型预测未观察时空变量的值，STARMA 模型是时空相关统计模型的代表（韩卫国等，2007；Pfeifer and Deutsch，1980a）。时空序列动力学模型根据时空随机过程的主导因素建立时空序列动力学模型，该模型的不足是当时空随机过程的主导因素不明确时，模型无法建立（王劲峰，2006）。时空插值分析模型是运用插值思想的时空序列建模，时空插值模型分为两种：一种是先进行时域插

值，然后将时域插值函数直接应用到空间插值中；另一种是同时在时域和空域进行时空插值（李莎，2012），运用贝叶斯时空模型和数据的对数变换对海浪气候进行建模（Vanem et al. , 2012）。

在大数据研究、机器学习人工智能成为热点的时代，神经网络、支持向量机等智能算法在多个领域广泛应用，将智能算法引入时空数据分析领域，建立智能时空模型成为时空建模发展的一个重要方向。

给一个位置集 Δ，变量时间序列数据 Π，计划步骤 p ，时空预测概念模型和时空预测线性模型可分别表示为：

$$f:\ \{\Delta,\ \Pi,\ l,\ p\} \rightarrow \{z_{0,\ t+1},\ z_{0,\ t+2},\ \cdots z_{0,\ t+p}\} \tag{2.68}$$

$$\hat{z}_{0,\ t+p} = \sum_{\sigma=0}^{s} w_{\sigma} z_{0,\ t-\sigma} + \sum_{i=1}^{r} \sum_{\tau=0}^{m_i} w_{i,\ t-\tau} z_{i,\ t-\tau} \tag{2.69}$$

式中，f 为映射；Δ 表示研究区离散的地理位置集合；Π 是在地理位置集 Δ 中所有监测序列的集合；$z_{i,\ t}$ 是 Π 中位置 i 上的时间序列在 t 时刻的值；$\hat{z}_{0,\ t+p}$ 是当前位置 t 时刻的预测值；w_{σ} 是当前位置延迟 σ 期的监测值 $z_{0,\ t-\sigma}$ 的系数；s 是当前位置监测序列的最大有效时间延迟的期数；r 是对 $z_{0,\ t+p}$ 有显著影响的序列总数；m_i 是对 $z_{0,\ t-p}$ 有显著影响的第 i 个监测序列的最大有效时间延迟期数；$w_{i,\ t-\tau}$ 是第 i 个监测井延迟 τ 期监测值对 $\hat{z}_{0,\ t-i}$ 的系数。

时空序列预测模型可概化为

$$\hat{z}_{0,\ t+p} = f(z_{0,\ t},\ z_{0,\ t+1},\ \cdots,\ z_{0,\ t+p};\ z_{1,\ t},\ z_{1,\ t+1},\ \cdots,\ z_{1,\ t+m_1};\ \cdots;\ z_{r,\ t},\ z_{r,\ t+1},\ \cdots,\ z_{r,\ t+m_r}) \tag{2.70}$$

该式描述的是当前位置 $t+p$ 时刻的预测值 $\hat{z}_{0,\ t+p}$ 与当前位置监测序列历史值 $z_{0,\ t}$，$z_{0,\ t+1}$，$\cdots$，$z_{0,\ t+p}$ ，以及当前位置附近对 $\hat{z}_{0,\ t+p}$ 有显著影响的 r 个监测序列检测值 $z_{i,\ t}$，$z_{i,\ t+1}$，$\cdots$，$z_{r,\ t+m_r}$ 对 $\hat{z}_{0,\ t+p}$ 的非线性映射关系。

2.2　人工神经网络

人工神经网络是能很好逼近数学模型难以描述的复杂非线性映射的工具，近年来在人工智能领域发展十分迅速，已经成功应用在很多领域，如模式识别、自动控制等非线性动态处理领域，在预测、评价等领域也显示出很强的能力。

按学习方式分为有导师学习和无导师学习。在有导师学习方式下，网络通过反复调整连接的参数，使得网络的应有输出与实际输出之间的误差最小，通过训练得到网络最优连接权值。无导师学习也称无监督学习，它是指在学习过程中，只给出输入数据而无对应输出数据的学习。网络通过检查输入数据的规律性或趋向性，根据网络本身的功能自行调整连接权值，最终使网络能对模式自动分类。

目前，已有上百种人工神经网络模型，这些模型从不同角度、不同层次对生物神经系统进行描述和模拟。不同的神经网络各有优缺点。人工神经网络共同的特征是具有高度非线性逼近能力，高速信息处理能力，很强的自适应、自学习功能，可以应用于空间信息分类和预测。人工神经网络在空间数据分析中也有着广泛的应用（王佳璆，2008）。作者在深入学习的基础上，通过大量实验，确定运用 SOM 人工神经网络作为时空序列模式发现和分类的工具，运用最小二乘支持向量机作为时空缺失数据修复工具，GRNN 神经网络作为时空克里格插值半变异函数拟合工具，下面对这三种网络分别进行简单介绍。

2.2.1　BP 网络

BP（back propagation）网络是 1986 年由 Rumelhart 和 McClelland 提出的一种误差逆向传播算法训练多层前馈神经网络，该算法系统解决了多层神经网络隐含层连接权值学习问题，并在数学上得到了完整推导。BP 网络是目前应用最广泛的神经网络。

感知机网络曾在人工神经网络的发展上发挥了极大的作用，网络利用梯度搜索技术，采用梯度下降法以网络的实际输出值和期望输出值的误差均方差最小为目标函数。感知机网络被认为是一种能够真正使用的人工神经网络模型，它的出现曾掀起了人们研究人工神经元网络的热潮。

基本 BP 算法包括信号的前向传播和误差的反向传播两个过程。即计算误差输出时按从输入到输出的方向进行，而调整权值和阈值则从输出到输入的方向进行。输入信号正向传播，通过隐含层作用于输出节点，经过非线性变换，产生输出信号。若实际输出与期望输出不相符，则转入误差的反向传播过程。误差反传是将输出误差通过隐含层向输入层逐层反传，并将误差分摊给各层所有单元，以从各层获得的误差信号作为调整权值的依据。通过调整输入节点与隐含层节点的连接强度及隐含层节点与输出节点的连接强度及阈值，使误差沿梯度方向下降。经过反复学习训练，确定与最小误差相对应的网络参数。

BP 网络无论在网络理论还是在性能方面已比较成熟。其突出优点就是具有很强的非线性映射能力和柔性的网络结构，如图 2.2 所示。网络的中间层数、各层的神经元个数可根据具体情况任意设定，并且随着结构的差异其性能也有所不同。

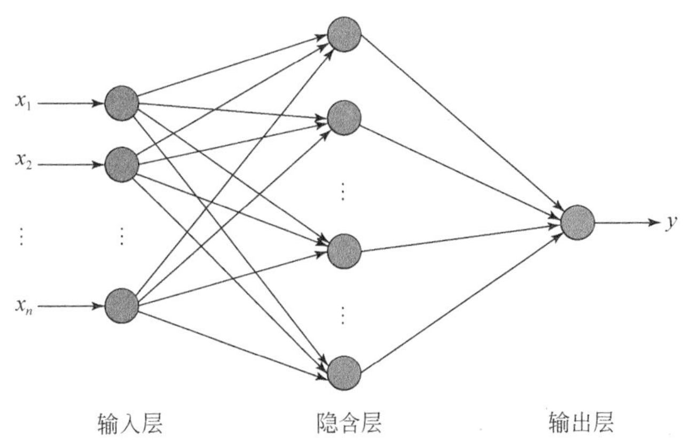

图 2.2　BP 网络结构示意图（Specht，2002）

BP 网络也存在以下主要缺陷。

（1）学习速度慢，即使是一个简单的问题，一般也需要几百次甚至上千次的学习才能收敛。

（2）容易陷入局部极小值。

（3）网络层数、神经元个数的选择没有相应的理论指导。

（4）网络推广能力有限。

对于上述问题，目前已经有了许多改进措施，研究最多的就是如何加速网络的收敛速度和尽量避免陷入局部极小值的问题。

目前，在人工神经网络的实际应用中，绝大部分的神经网络模型都采用 BP 网络及其变化形式。它也是前向网络的核心部分，体现了人工神经网络的精华。

2.2.2　SOM 网络

SOM 是由荷兰学者 Teuvo Kohonen 在 1981 年提出的一种全连接的自组织和自学习的神经网络，它可通过降维减少计算量，并通过相似数据项的划分对数据的相似性进行描绘（Fang and Xie，2011）。本书通过训练使 SOM 网络连接权值向量位于输入向量聚类的中心，进而根据得到的聚类中心进行序列聚类。SOM 是一个无监督网络学习模型，在无先验知识的情况下可以通过学习模仿来输出未知的环境和样本，所以它比 BP 神经网络更加适合对复杂的系统环境数据的分类分析（Lei et al.，2009）。

图2.3展示了二维列阵SOM网络模型，SOM网络模型由初始化、竞争、合作和适应四个部分组成（Wang et al.，2013），由输入层和竞争层两层构成，输入层有m个神经元，竞争层为$a \times b$个神经元构成的二维阵列，输入层和竞争层各神经元之间是全连接的。SOM可处理一维、二维，甚至多维阵列单元。

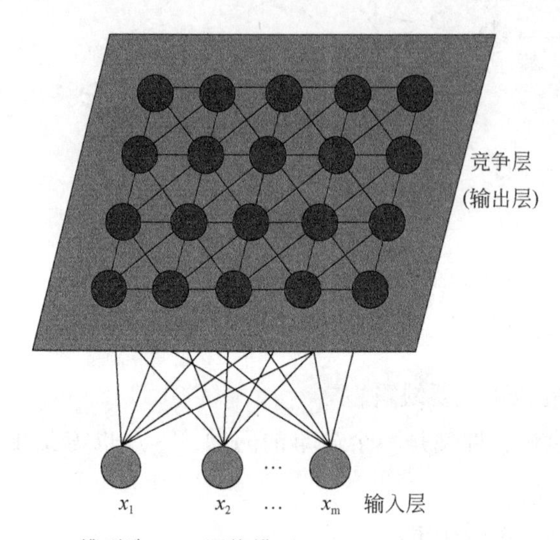

图2.3　二维列阵SOM网络模型（Pfeifer and Deutsch，1980b）

SOM网络首先初始化所有的映射节点向量，然后计算各个实际输入向量与输出二维列阵中所有的映射节点之间的欧氏距离，距离最小所对应的映射节点作为获胜节点；接下来对输入向量进行映射，并调整该获胜节点向量的权值；最后，对所有的输入向量进行训练，由此，类似的输入向量就被映射到输出层相邻的区域，也即达到了对输入向量进行聚类的目的，并且同时把高维的输入向量非线性地投射到二维网络上。SOM的学习算法步骤如下。

1）初始化网络

初始化输入层和映射层之间的权值。

2）输入向量

将向量$X = (x_1, x_2, \cdots, x_m)^{\mathrm{T}}$输入给输入层。

3）计算输入向量与映射层的权值向量之间的欧氏距离

输入向量与映射层中第j个神经元的距离公式如下：

$$d_j = \| X - W_j \| = \sqrt{\sum_{i=1}^{m} [x_i(t) - \omega_{ij}(t)]^2} \tag{2.71}$$

式中，ω_{ij} 为输入层第 i 个神经元和映射层第 j 个神经元之间的权值。通过计算，选取具有最小距离的胜出神经元 j^*，然后确定范围 k，使得对于任意的 j，都有 $d_k = \min_j(d_j)$，并给出其“邻接神经元”的集合。

4）权值学习

对胜出神经元 j^* 及其“邻接神经元”的权值进行调整：

$$\Delta\omega_{ij} = \omega_{ij}(t+1) - \omega_{ij}(t) = \eta(t)[x_i(t) - \omega_{ij}(t)] \tag{2.72}$$

式中，η 为一常数，变化范围从 0 到 1，并随时间变化逐渐下降为 0，即

$$\eta(t) = \frac{1}{t} \text{ 或 } \eta(t) = 0.2 \times \left(1 - \frac{1}{1000}\right) \tag{2.73}$$

5）计算输出

$$0_k = f(\min_j \| X - W_j \|) \tag{2.74}$$

式中，$f(*)$ 通常取作 0/1 函数或其他非线性函数。

6）判定结束条件

若达到结束要求，则算法结束；否则，返回步骤 2），继续学习。

2.2.3　广义回归神经网络 GRNN

美国学者 Donald F. Specht 于 1991 年首次提出了广义回归神经网络，它也属于径向基神经网络。GRNN 在非线性映射能力、柔性网络结构、高度容错性和鲁棒性方面具有很强的优势，尤其适用于解决非线性问题。此外，在样本数据较少和数据不稳定的情况下，GRNN 也能得到很好的预测效果，并且还可以处理不稳定的数据。其理论基础是非线性回归分析，非独立变量 y 相对于独立变量 x 的回归分析实际上是计算具有最大概率的 y 值（王佳璆，2008；王小川，2013）。

设随机变量 x 和 y 的联合概率密度函数为 $f(x, y)$，已知 x 的样本值为 X，则 y 相对于 X 的回归值为

$$\hat{Y} = E(y/X) = \frac{\int_{-\infty}^{\infty} y f(X, y) \mathrm{d}y}{\int_{-\infty}^{\infty} f(X, y) \mathrm{d}y} \tag{2.75}$$

式中，$\hat{Y}$ 为在输入为 X 的条件下，Y 的预测输出。

根据 Parzen 原理，由样本数据集 $\{x_i, y_i\}_{i=1}^{n}$ 估算密度函数 $\hat{f}(X, y)$ 。

$$\hat{f}(X, y) = \frac{1}{n\,(2\pi)^{\frac{p+1}{2}}\sigma^{p+1}}\sum_{i=1}^{n}\exp\left[-\frac{(X-X_i)^{\mathrm{T}}(X-X_i)}{2\sigma^2}\right]\exp\left[-\frac{(X-Y_i)^2}{2\sigma^2}\right] \tag{2.76}$$

式中，X_i，Y_i 分别为 x 和 y 的样本观测值；n 为样本容量；p 为随机变量 x 的维数；σ 为光滑因子。用 $\hat{f}(X, y)$ 代替 $f(X, y)$ 代入式（2.76），交换积分与求和顺序可得

$$\hat{Y}(X) = \frac{\sum_{i=1}^{n}\exp\left[-\frac{(X-X_i)^{\mathrm{T}}(X-X_i)}{2\sigma^2}\right]\int_{-\infty}^{\infty} y\exp\left[-\frac{(Y-Y_i)^2}{2\sigma^2}\right]\mathrm{d}y}{\sum_{i=1}^{n}\exp\left[-\frac{(X-X_i)^{\mathrm{T}}(X-X_i)}{2\sigma^2}\right]\int_{-\infty}^{\infty}\exp\left[-\frac{(Y-Y_i)^2}{2\sigma^2}\right]\mathrm{d}y} \tag{2.77}$$

由于 $\int_{-\infty}^{\infty} z\mathrm{e}^{-z^2}\mathrm{d}z = 0$，计算可得输出 $\hat{Y}(X)$ 为

$$\hat{Y}(X) = \frac{\sum_{i=1}^{n} Y_i\exp\left[-\frac{(X-X_i)^{\mathrm{T}}(X-X_i)}{2\sigma^2}\right]}{\sum_{i=1}^{n}\exp\left[-\frac{(X-X_i)^{\mathrm{T}}(X-X_i)}{2\sigma^2}\right]} \tag{2.78}$$

若令

$$P_i = \exp\left[-\frac{(X-X_i)^{\mathrm{T}}(X-X_i)}{2\sigma^2}\right] \tag{2.79}$$

$$S_N = \sum_{i=1}^{n} Y_i P_i \tag{2.80}$$

$$S_D = \sum_{i=1}^{n} P_i \tag{2.81}$$

将式（2.80）、式（2.81）代入式（2.78），可得

$$\hat{Y}(X) = \frac{S_N}{S_D} \tag{2.82}$$

首先对所有的样本观测值 Y_i 求取一个权重，而每个观测值 Y_i 对应的权重与样本 X_i 与 X 之间的欧氏距离有关，然后对所有的样本观测值进行加权平均得到估计值 $\hat{Y}(X)$ 。

GRNN 的网络结构与径向基网络较为相似。它由四层组成，如图 2.4 所示，分别为输入层、模式层、求和层和输出层。对应网络输入 $X = [x_1, x_2, \cdots, x_n]^{\mathrm{T}}$，其输出为 $Y = [y_1, y_2, \cdots, y_k]^{\mathrm{T}}$ 。其中，输入层用来接收训练样本，其神经元个

数与样本向量的维数一致，模式层用来接收输入层传递来的信息并将其经式（2.79）转换后传递至求和层；求和层中有 2 类神经元，分别对模式层中数据通过式（2.80）和式（2.81）进行求和，输出层最终计算结果为式（2.82）。由于 GRNN 神经网络基于单个参数即光滑因子 σ，结构相对简单，因此它最大限度地减少了模型参数的人为选择，从而降低了网络结构设计的随意性对预测精度的影响（贾义鹏等，2013）。

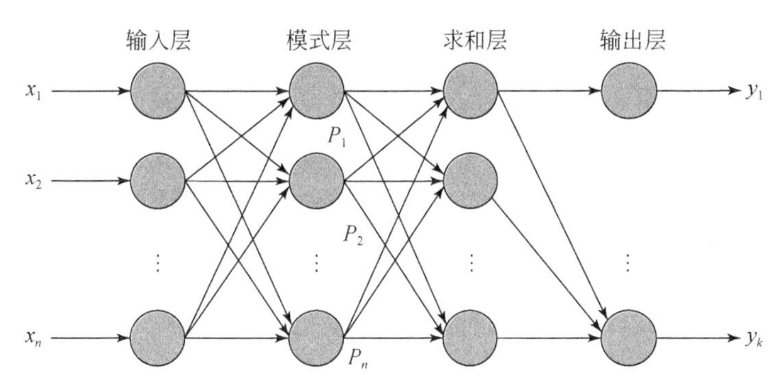

图 2.4　GRNN 拓扑结构（Mhanna and Bauwens，2012）

2.2.4　时空神经网络

时空神经网络是时空数据分析与人工神经网络相结合的产物。时空过程是一个非线性动态过程，时空变量的值与自身时间延迟和空间延迟存在相关性。根据时空理论，时间延迟变量和空间延迟变量对时空变量的值的影响权重的变化是距离的衰减函数，随着距离的增大而减小，并且呈非线性变化。现代神经生理学实验和生物学研究表明，神经网络的输出不仅与输入信号的空间聚合及激励阈值有关，同时也依赖于输入过程中的时间累积效应。传统神经网络模拟了生物神经元的空间加权聚合，但缺乏对时间延迟和累积效应的描述。将神经网络等智能计算方法应用于时间序列分析和空间数据分析中，充分利用神经网络的各种优点，探索基于神经网络理论的新型时空序列建模方法是一种新的发展方向。引入时间延迟算子和空间延迟算子构建时空神经网络。对于给定的空间变量目标单元 s_0 的 h 个空间邻接单元 s_1，s_2，…，s_h，h 为空间延迟算子边界值，形成时空序列 $\{s_k(t) \mid t \in T,\ k = 0,\ 1,\ 2,\ \cdots,\ h\}$，其中 T 为时间指标集，l 为时间延迟的边界也是时空神经网络的隐含层节点个数，时空神经网络模

型可以表示为

$$\hat{s}_0(t) = g\Big(\sum_{u=1}^{l} lw_{it} \cdot f\Big(\sum_{j=1}^{h} iw_{ji} \cdot s_j(t-u) + b_i\Big) + b\Big) \tag{2.83}$$

用空间延迟算子 E^h 和时间延迟算子 D^l 可表示为

$$\hat{s}_0(t) = g\Big(\sum_{u=1}^{l} lw_{it} \cdot f\Big(\sum_{j=1}^{h} iw_{ji} \cdot E^h \cdot D^l \cdot s_0(t) + b_i\Big) + b\Big) \tag{2.84}$$

我们将上述时空神经元扩展为单隐层前馈时空神经网络，其网络结构如图2.5所示。由时空神经网络结构分析可知时空神经网络是一个局部非参数模型，根据目标单元周围的情况，通过训练和学习自动调整权值以反映时间和空间模式的变化关系。相比一般神经网络，时空神经网络同时考虑了时间和空间的相关关系，既有对空间多输入的聚合，又有对时间序列延迟效应的积累，且为单层网络结构，因此在时空序列预测的应用中具有更高的拟合能力和泛化能力（吴娇娇，2015）。

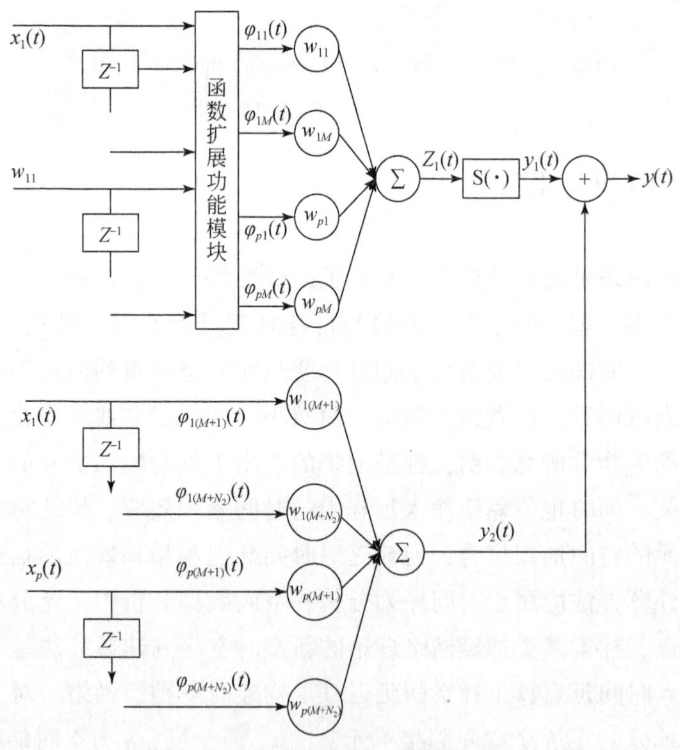

图2.5 时空神经网络（吴娇娇，2015）

2.3　支持向量机

预测模型的稳定性和精度取决于模型是否正确刻画了对象的特征间关系。Vapnik 等基于统计学习理论建立了 SVM 模型，它是一种非常强大的机器学习方法，是一种新型的人工智能技术（Gu et al.，2010）。由于 SVM 在解决小样本、非线性及识别高维模式方面具有很强的优势，许多研究者根据 SVM 建立了非线性模型。

如图 2.6 所示，在有限样本信息的基础上，SVM 能很好地追寻模型的复杂性和学习能力。为了获得最佳的泛化能力，支持向量回归的基本原理是将数据低维非线性特征映射到高维线性空间特征空间中（Mukherjee et al.，1997；Müller et al.，1997）构建线性回归：

$$f(x)=\sum_{i=1}^{D}w_i\varphi_i(x)+b \tag{2.85}$$

式中，$\{\varphi_i(x)\}_{i=1}^{D}$ 被称为特征值；b 为常数；$\{w_i\}_{i=1}^{D}$ 为从数据集估计出的权重向量。这样，SVM 方法通过线性回归将输入在低维非线性空间数据映射到高维特征空间。基于结构风险最小化理论（SRM）原则，系数 $\{w_i\}_{i=1}^{D}$ 可以通过对数据集进行凸二次规划问题获得

$$\min_{w,\,b,\,\zeta}\frac{1}{2}\|w\|^2+C\sum_{i=1}^{n}(\zeta_i+\zeta_i^*) \tag{2.86}$$

$$\text{s.t.}\quad |y_i-\langle w\cdot\phi(x)\rangle-b|\leqslant\varepsilon+\zeta_i \tag{2.87}$$

$$\zeta_i\geqslant 0,\ \zeta_i^*\geqslant 0 \tag{2.88}$$

式中，ζ_i 为一个松弛变量，$i=1，2，\cdots，n$；C 为大于 0 的一个常数，作为惩罚因子，通过解决优化问题，估计函数可表示为

$$f(x,\alpha,\alpha^*)=\sum_{i=1}^{N}(\alpha_i-\alpha_i^*)k(x_i,x)+b \tag{2.89}$$

式中，$\sum_{i=1}^{N}(\alpha_i-\alpha_i^*)=0$，$0\leqslant\alpha_i，\alpha_i^*\leqslant C$ 和核函数 $k(x_i, x)$ 代表了在 D 维特征空间的内积。在线性不可分的情况下，支持向量机通过某种事先选择的非线性映射（核函数）将输入变量映射到一个高维特征空间，在这个空间中构造最优分类超平面（图 2.7）。

$$k(x,y)=\sum_{j=1}^{D}\varphi_j(x)\varphi_j(y)$$

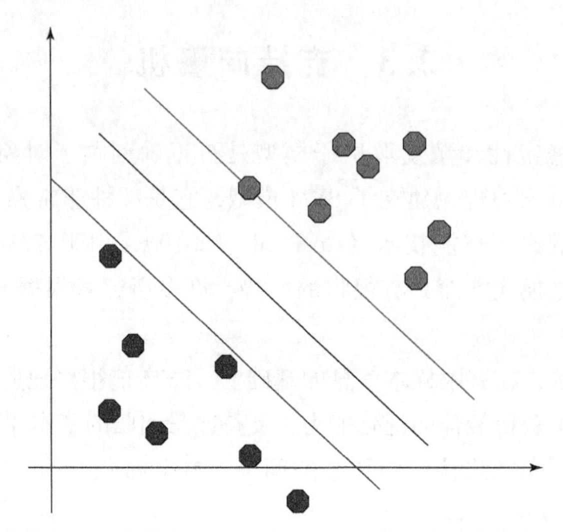

图 2.6　支持向量（支撑这两个超平面的一些点被称为支持向量）示意图

（Cristianini and Shawe-Taylor, 2005）

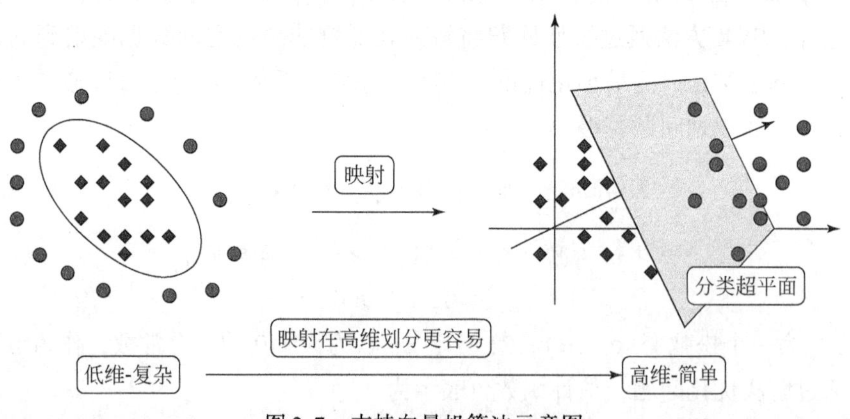

图 2.7　支持向量机算法示意图

核函数形式要求很简单或者是一个已知的分析形式，有必要的情形是核函数必须满足 Mercer 条件，典型的核函数包括多项式核函数、高斯核函数和 Sigmoid 核函数。常用的核函数有以下几个。

（1）线性核：$K(x_i, x_j) = x_i^{\mathrm{T}} x_j$。

（2）多项式核：$K(x_i, x_j) = [x_i^{\mathrm{T}} x_j + 1]^q$。

（3）高斯核：$K(x_i, x_j) = \exp\left(-\frac{\| x_i - x_j \|^2}{g^2}\right)$。

(4) S 型核：$K(x_i, x_j) = \tanh[\beta(x_i^{\mathrm{T}} x_j) + c]$。

其中，高斯核的泛化性能好，因此是目前使用最广泛的核函数，随着科研工作的深入及广泛应用与推广，针对不同的问题，选取的核函数也越广泛。

2.4　最小二乘支持向量机

作为支持向量机（SVM）的一种类型，最小二乘支持向量机（LSSVM）与支持向量机的主要区别在于所选用的优化函数。最小二乘支持向量机把标准支持向量机（SVM）的不等式约束条件替换为等式约束条件（Wang et al.，2014）。与标准支持向量机相比，最小二乘支持向量机在参数调整和变量优化方面具有很好的优势，一方面不仅降低了计算的复杂度，另一方面也使得该方法适用于大规模数据领域（Mukherjee et al.，1997）。所以，最小二乘支持向量机应用于地下水埋深时空数据集时，将能很好地拟合地下水复杂的非线性特征，同时也可以提高时空数据集缺失数据值的插补精度。

最小二乘支持向量机的构建：假设 $\{(x_i, y_i)\} \in R^n \times R$, $i = 1, 2, \cdots, N$ 为训练样本集，$x_i \in R^n$ 为第 i 个样本输入变量的值，y_i 为第 i 个响应的输出变量，输入向量 x_i 通过非线性映射 $\varphi(\cdot)$，将其从原来的空间 R^n 映射到高维特征空间 H 上，然后在特征空间中建立最小二乘支持向量机模型，构造最优决策函数：

$$f(x) = \omega^{\mathrm{T}} \varphi(x) + b \tag{2.90}$$

式中，ω^{T} 为方向向量；b 为常数。经过映射，把低维空间中的非线性估计转换为高维特征空间上的线性估计。根据结构风险最小化原则，优化问题将会转化为寻找函数 $f(x)$，使其达到最小，最小二乘支持向量机的目标函数可表示为

$$\min \frac{1}{2} \| \omega \|^2 + \frac{1}{2} \gamma \sum_{i=1}^{N} e_i^2 \tag{2.91}$$

式中，γ 为惩罚因子；e_i 为误差变量。约束条件为

$$y_i = \omega^{\mathrm{T}} \varphi(x_i) + b + e_i, \quad i = 1, 2, \cdots, N \tag{2.92}$$

通过引入拉格朗日乘子 $a_i (i = 1, 2, \cdots N)$，我们得到方程（2.93），就可以对上式的目标函数进行求解：

$$L = \frac{1}{2} \| \omega \|^2 + \frac{1}{2} \gamma \sum_{i=1}^{N} e_i^2 - \sum_{i=1}^{N} a_i (\omega^{\mathrm{T}} \varphi(x_i) + b + e_i - y_i) \tag{2.93}$$

根据 KKT 条件，求解目标函数的最优值，即对式（2.93）两边求偏导数，并使得每一个偏导数为 0，得到式（2.94），表示如下：

$$
\begin{aligned}
&\frac{\partial L}{\partial \omega} = 0 \rightarrow \omega = \sum_{i=1}^{N} a_i \varphi(x_i) \\
&\frac{\partial L}{\partial b} = 0 \rightarrow \omega = \sum_{i=1}^{N} a_i = 0 \\
&\frac{\partial L}{\partial e_i} = 0 \rightarrow a_i = \gamma \sum_{i=1}^{N} e_i, \quad i = 1, 2, \cdots, N \\
&\frac{\partial L}{\partial a_i} = 0 \rightarrow \omega^{\mathrm{T}} \varphi(x_i) + b - y_i, \quad i = 1, 2, \cdots, N
\end{aligned}
\tag{2.94}
$$

消除 ω 和 e_i，得到线性方程［式（2.95）］，表示如下：

$$
\begin{bmatrix} K + \gamma^{-1} I & l_v \\ l_v^{\mathrm{T}} & 0 \end{bmatrix} = \begin{bmatrix} a \\ b \end{bmatrix} = \begin{bmatrix} y \\ 0 \end{bmatrix} \tag{2.95}
$$

式中，$y = [y_1, y_2, \cdots, y_N]^{\mathrm{T}}$，$a = [a_1, a_2, \cdots, a_N]^{\mathrm{T}}$，$l_v = [1, 1, \cdots, 1]^{\mathrm{T}}$；$I$ 为单位矩阵；K 为邻接矩阵；$K(x_i, x_j) = \varphi(x_i, x_j)^{\mathrm{T}} \varphi(x_i)$ 是满足 Mercer 条件的核矩阵。一般来说，主要有四种类型的核函数满足 Mercer 条件，分别为二次曲面核函数、多项式核函数、径向基核函数和 Sigmoid 核函数。而径向基核函数由于其广泛的收敛性和较强的泛化能力被经常使用。

径向基函数的表达式如式（2.96）所示：

$$
k(x, x^*) = \exp\left(-\frac{\| x - x^* \|}{2\sigma^2}\right) \tag{2.96}
$$

式中，σ 为核宽度参数，它决定了样本数据分布的复杂性，也影响了 LSSVM 在特征空间超平面中获得最佳分类的概括能力。调节因子 c 和核参数 σ^2 是两个影响 LSSVM 基于径向核函数模型回归性能的超参数（韩卫国等，2007）。a 和 b 可通过最小二乘法获得，则 LSSVM 下的非线性回归预测模型表达式如式（2.97）所示：

$$
f(x) = \sum_{i=1}^{N} a_i k(x_i, x) + b \tag{2.97}
$$

式（2.97）中不同的核函数对应不同的支持向量机，然而，最终的模型性能对核函数类型的依赖性不是很强，其主要取决于核函数内参数的选择，而径向基核函数由于其较少的参数优势被广泛使用。

2.5 模型参数优化

模型参数估计是预测研究的重要问题，对模型精度的提升有重要作用。经典参数估计方法虽然有完美的理论体系和严格的数学推理，但是对估计结果不进行评估和优化，模型的预测精度往往不高。近年来，众多学者倾向于研究各种参数优化方法来自动完成模型的参数优选过程，并取得了大量的研究成果，提出和引入了很多优化方法。启发式优化算法成为预测模型参数估计的重要方法，启发式优化算法运用递推估计思想和群集寻优模式，虽然没有严格的数学模型，以概率方式进行搜索，但具有较强的全局寻优能力，从而提高预测精度。

研究人员创建了大量的群智能优化算法，如粒子群优化算法、灰狼优化算法、布谷鸟优化算法、蚁群优化算、果蝇优化算法等，这些优化算法在预测模型精度提升上会得到很好的应用（秦海力，2008）。为了能较完整地理解预测模型参数的优化问题，下面仅以平稳时间序列 ARMA（p，q）模型的参数估计问题为例，简单介绍一些常用的经典的传统参数估计方法。参数的估计方法包括矩估计、极大似然估计和最小二乘估计。几种使用较广泛和较新颖的启发式优化算法为粒子群优化算法、灰狼优化算法、蚁群优化算、果蝇优化算法。

2.5.1　传统参数的矩估计

用时间序列样本数据计算出延迟 1 阶到 $p+q$ 阶的样本自相关系数 $\hat{\rho}_k$，延迟 k 阶的总体自相关系数为 $\rho_k(\varphi_1, \cdots\varphi_k, \theta_1, \cdots\theta_q)$，公式中包含 $p+q$ 个未知参数变量 $\varphi_1, \cdots\varphi_p, \theta_1, \cdots\theta_q$。如果用计算出的样本自相关系数来估计总体自相关系数，那么有 $p+q$ 个联立方程组：

$$\begin{cases} \rho_1(\varphi_1, \cdots\varphi_p, \theta_1, \cdots\theta_q) = \hat{\rho}_1 \\ \vdots \\ \rho_k(\varphi_1, \cdots\varphi_p, \theta_1, \cdots\theta_q) = \hat{\rho}_k \\ \vdots \\ \rho_{p+q}(\varphi_1, \cdots\varphi_p, \theta_1, \cdots\theta_q) = \hat{\rho}_{p+q} \end{cases} \tag{2.98}$$

从中解出 $p+q$ 个未知参数变量的值作为模型的参数估计值 $\hat{\varphi}_1, \cdots\hat{\varphi}_p, \hat{\theta}_1, \cdots\hat{\theta}_q$。这种方法称为参数的矩估计。

白噪声序列的方差 σ_δ^2 的矩估计，是用时间序列样本数据计算出样本方差 $\hat{\sigma}_x^2$ 来估计总体方差 σ_x^2 求得。ARMA（p，q）模型的两边同时求方差，并把相应参数变量的估计值代入，可得白噪声序列的方差估计为

$$\hat{\sigma}_{\varepsilon}^{2} = \frac{1 + \hat{\varphi}_1^2 + \cdots + \hat{\varphi}_p^2}{1 + \hat{\theta}_1^2 + \cdots + \hat{\theta}_q^2} \hat{\sigma}_x^2 \tag{2.99}$$

2.5.2 参数的极大似然估计

当总体分布类型已知时，极大似然估计（maximum-likelihood，ML）是常用的估计方法。极大似然估计的基本思想，是认为样本来自使该样本出现概率最大的总体。因此，未知参数的极大似然估计，就是使似然函数（即联合密度函数）达到最大值的参数值，即

$$L(\hat{\varphi}_1, \cdots \hat{\varphi}_P, \hat{\theta}_1, \cdots \hat{\theta}_q; x_1, \cdots x_n) = \max\{p(x_1, \cdots x_n; \varphi_1, \cdots \varphi_P, \theta_1, \cdots \theta_q)\} \tag{2.100}$$

在时间序列分析中，序列的总体分布通常是未知的。为了便于分析和计算，通常假设序列服从多元正态分布，它的联合密度函数是可导的。当似然函数关于参数可导时，常常可以通过求导方法来获得似然函数极大值对应的参数值。在求极大似然估计时，为了求导方便，常对似然函数取对数，然后对对数似然函数中的未知参数求偏导数，得到似然方程组。理论上，只要求解似然方程组即可得到未知参数的极大似然估计。但实际上是使用计算机经过复杂的迭代算法求出未知参数的极大似然估计。

极大似然估计与矩估计的比较：矩估计的优点是不要求知道总体的分布，计算量小，估计思想简单直观。但缺点是只用到了样本自相关系数的信息，序列中的其他信息被忽略了，这导致矩估计方法是一种比较粗糙的估计方法，它的估计精度一般较差。因此，它常被作为极大似然估计和最小二乘估计的迭代计算的初始值。极大似然估计的优点是充分应用了每一个观察值所提供的信息，因而它的估计精度高，同时，还具有估计的一致性、渐近正态性和渐近有效性等优良统计性质，是一种非常优良的参数估计方法。

2.5.3 参数的最小二乘估计

参数的最小二乘估计（unconditional least squares，ULS）是使 ARMA (p, q) 模型的残差平方和达到最小的那组参数值，即

$$Q(\hat{\varphi}_1, \cdots\hat{\varphi}_P, \hat{\theta}_1, \cdots\hat{\theta}_q) =$$

$$\min\left\{\sum_{t=1}^{n}(x_t - \varphi_1 x_{t-1} - \cdots - \varphi_p x_{t-p} + \theta_1 \varepsilon_{t-1} + \cdots + \theta_q \varepsilon_{t-q})^2\right\} \tag{2.101}$$

同极大似然估计一样，未知参数的最小二乘估计通常也是使用计算机借助迭代方法求出的。由于充分利用了序列的信息，因此最小二乘估计的精度最高。在实际运用中，最常用的方法是条件最小二乘估计（conditional least squares，CLS）。它假定时间序列过去未观察到序列值等于序列均值，如果是中心化后的序列，则序列过去未观察到序列值等于零（$x_t = 0$，$t \leqslant 0$）。根据这个假定可以得到残差的有限项表达式：

$$\varepsilon_t = \frac{\Phi(B)}{\Theta(B)}x_t = x_t - \sum_{i=1}^{t}\varphi_i x_{t-i} \tag{2.102}$$

于是残差平方和达到最小的那组参数值为

$$Q(\hat{\varphi}_1, \cdots\hat{\varphi}_P, \hat{\theta}_1, \cdots\hat{\theta}_q) = \min\left\{\sum_{t=1}^{n}\left(x_t - \sum_{i=1}^{t}\varphi_i x_{t-i}\right)^2\right\} \tag{2.103}$$

在实际运用中，条件最小二乘估计也是通过迭代法求出参数的估计值。

2.5.4　参数的启发式优化算法

随着生物科学的不断发展，人们发现自然界中个体行为往往简单、能力也非常有限，但当众多个体协同工作，往往表现出非常复杂的群体行为特征，群体能力往往大于单个个体能力的叠加（宋胜利，2009）。20 世纪 50 年代中期，众多学者摆脱了经典数学规划方法的束缚，从生物进化的激励中受到启发，采用模拟人、自然及其他生物种群的结构特点、进化规律、思维结构、觅食过程的行为方式，按照自然机理方式，直观构造计算模型，解决优化问题，提出启发式优化算法（崔书磊，2009；Vrugt et al.，2006）。启发式算法解决问题时不一定能得到最优解，只得到满意解就可以了。这是由于实际问题求最优解花费代价过大，找到最优解就没有多大的实际意义了；很多目标之间有矛盾的多目标优化问题，根本就不存在严格意义上的最优解。

已有学者分别采用遗传算法、粒子群算法、蚁群算法、混沌算法等对 SVM 的惩罚因子 c 和核函数参数进行最优估计（Zhang et al.，2013，2016），本书的研究中，我们建立了 FOA-LSSVM 模型，提出基于实数编码小世界优化算法（RSWOA）的支持向量机改进模型，并将该模型应用于实际风场提前 1 个小时的风电功率预测中。研究表明，采用基于实数编码小世界优化算法对支持向量机（SVM）模型参数进行优化选取，能使参数快速收敛于全局最优值，得到的改进模型取得了较好的预测效果。

水文模型一般有大量的参数，包括模型输入、中期状态变量和模型输出（秦海力，2008）。由于流域水文模型的复杂性、模型结构的不确定性、模型参数较多且多数参数不可测及观测数据的误差等，模拟结果往往有着大量的不确定性，水文模拟与预报相比存在较大的误差和不确定性。因此，借助模型参数估计方法来确定模型参数值，然后利用水文模型模拟流域水文过程。

参数估计问题通常被当作优化问题来解决，该优化问题致力于找到一组参数，使用最小二乘法作为目标函数，使得该组参数能对实验数据给出最好的拟合结果。在此优化过程中每给定一组参数就要计算对应的函数值，再和实验数据进行比较确定目标函数值。

在许多实际的工程参数估计问题中，与参数对应的函数计算需要耗费大量的计算时间，特别当优化问题含有多个局部最优值，且待估参数又是高维时，要找到全局最优解就变得尤为困难。其中被应用到水文模型的参数优化过程中的算法主要有粒子群优化算法（PSO）、果蝇优化算法（FOA）、遗传算法（GA）和模拟退火算法（SA）。下面对这几种启发式算法作简要介绍。

1）PSO 算法

PSO 是 1995 年，美国的计算智能研究学者 Eberchart 博士及心理学研究者 Kennedy 博士通过对生物界鸟群觅食行为的研究，提出的一种群智能优化算法，并得到广泛应用（Wu and Li，2013）。

PSO 假设在一块特定的区域内，鸟群在随机寻找食物，那么鸟群如何飞行才能快速、准确地找到食物呢？最简洁、有效的方法就是让鸟群在距离食物最近的鸟的周围搜寻。PSO 在解决优化问题时能很快地找到被优化问题的最优解。在 PSO 中把每个个体称为一个没有质量没有体积的“粒子”是被优化问题的一个潜在解，由适应度函数描述粒子的优劣。PSO 是通过初始化一组随机解，逐步迭代找到最优解。在 D 维搜索空间中，群体由 N 个粒子组成，在迭代过程中粒子 $X_i = (x_{i1}, x_{i2}, \cdots, x_{iD})$，$i = 1, 2, \cdots, N$，以一定的速度 $V_i = (v_{i1}, v_{i1}, \cdots, v_{iD})$，在解空间中飞行，每个个体有自身的最优位置，称为个体最优 p_i；整个群体也有最优位置，称为全局最优 p_g，粒子通过个体历史最优和群体全局最优调整下一次的位移。其速度与位移公式如下：

$$v_{ij}(t+1) = wv_{ij}(t) + c_1 r_1(p_{ij}(t) - x_{ij}(t)) + c_2 r_2(p_{gj}(t) - x_{ij}(t)) \tag{2.104}$$

$$x_{ij}(t+1) = x_{ij}(t) + v_{ij}(t+1) \tag{2.105}$$

式中，$i=1, 2, \cdots, N$；$j=1, 2, \cdots, D$ 为迭代次数；c_1 为自身因子调整粒子向自身经历的最好位置飞行；c_2 为全局因子调节粒子向全局最优位置飞行；r_1，$r_2 \in (0, 1)$ 随机数；每一维的位移与速度变化范围限定在 $[x_{\min}, x_{\max}]$ 与 $[v_{\min}, v_{\max}]$，即若超出边界值则取边界值。基本 PSO 算法流程如下。

步骤 1：初始化种群规模、粒子的维数、位置、速度等参数。

步骤 2：通过个体粒子的位移、速度计算相应的适应度值。

步骤 3：更新粒子自身最优解及全局最优解。

步骤 4：根据式（2.104）、式（2.105）更新粒子的速度和位置。

步骤 5：若满足终止条件，则算法终止且输出全局最优位置及对应的适应度值；否则转步骤 2。

PSO 是生物群体内个体间的竞争与协作引导群体搜索最优解，是一种群智能行为。最初，只是对鸟群行为的模拟，因此对 PSO 收敛性分析得很少，对于某些参数只能靠经验取值。实际操作中，影响算法效率和性能的关键就是收敛性和适当的参数选取。本节将 PSO 的位移与速度公式视为一个动态系统并在 Lyapunov 理论基础上证明其稳定性，将线性时变系统转换成线性定常系统，其次运用线性离散时间系统分析法对 PSO 的收敛性进行证明。

尽管 v_{ij} 与 x_{ij} 是多维变量，但每一维更新相互独立。为简化计算对收敛性分析可简化到一维，即只对单个粒子的行为进行研究讨论，故可略去下标 ij。令 p_l 为粒子自身找到的最好位置，p_g 为粒子群体的最好位置，并保持不变，$\zeta = \zeta_1 + \zeta_2$ 其中 $\zeta_1 = c_1 r_1$，$\zeta_2 = c_2 r_2$：

$$s = \frac{\zeta_1 p_l + \zeta_3 p_g}{\zeta_1 + \zeta_2} \tag{2.106}$$

将式（2.104）与式（2.105）简写为

$$v(t+1) = wv(t) + \zeta(s - x(t)) \tag{2.107}$$

$$x(t+1) = x(t) + v(t) \tag{2.108}$$

把式（2.108）代入式（2.107）得到速度迭代式在 t、$t+1$、$t+2$ 时刻的递推关系为

$$v(t+2) + (\zeta - 1 - w)v(t+1) + wv(t) = 0 \tag{2.109}$$

若设粒子的运动是连续的，则式（2.109）是一个二阶微分方程。

将式（2.107）、式（2.108）表示成矩阵的形式：

$$z(t+2) = az(t+1) + bq \tag{2.110}$$

式中，$z(t) = [x(t), v(t)]^{T}$；$a = [1-\zeta, w; -\zeta, w]^{T}$；$b = [\zeta, \zeta]^{T}$。式(2.110)刻画了不同时刻粒子的状态，称为动态方程。$z(t)$ 由 t 时刻的位移与速度组成表示粒子的状态，a 刻画了粒子的动态行为是系统的系数，q 为外力来推动粒子飞行，b 为输入矩阵通过外力来影响当前粒子。

2）模拟退火算法

模拟退火算法（SA）最早的思想是由 N. Metropolis 等于 1953 年提出。1983 年，S. Kirkpatrick 等成功地将退火思想引入组合优化领域。它是基于 Monte-Carlo 迭代求解策略的一种随机寻优算法，其出发点是基于物理中固体物质的退火过程与一般组合优化问题之间的相似性。模拟退火算法从某一较高初温出发，伴随温度参数的不断下降，结合概率突跳特性在解空间中随机寻找目标函数的全局最优解，即在局部最优解能概率性地跳出并最终趋于全局最优。模拟退火算法是一种通用的优化算法，理论上算法具有概率的全局优化性能，目前已在工程中得到了广泛应用，如 VLSI、生产调度、控制工程、机器学习、神经网络、信号处理等领域。

模拟退火算法是通过赋予搜索过程一种时变且最终趋于零的概率突跳性，从而可有效避免陷入局部极小并最终趋于全局最优的串行结构的优化算法。

模拟退火算法来源于固体退火原理，将固体加温至充分高，再让其徐徐冷却，升温时，固体内部粒子随温升变为无序状，内能增大，而徐徐冷却时粒子渐趋有序，在每个温度都达到平衡态，最后在常温时达到基态，内能减为最小。根据 Metropolis 准则，粒子在温度 T 时趋于平衡的概率为 $e(-\Delta E/(kT))$，其中 E 为温度 T 时的内能，ΔE 为内能改变量，k 为 Boltzmann 常数。用固体退火模拟组合优化问题，将内能 E 模拟为目标函数值 f，温度 T 演化成控制参数 t，即得到解组合优化问题的模拟退火算法：由初始解 i 和控制参数初值 t 开始，对当前解重复“产生新解→计算目标函数差→接受或舍弃”的迭代，并逐步衰减 t 值，算法终止时的当前解即为所得近似最优解，这是基于 Monte-Carlo 迭代求解法的一种启发式随机搜索过程。退火过程由冷却进度表控制，包括控制参数的初值 t 及其衰减因子 Δt、每个 t 值时的迭代次数 L 和停止条件 S。

3）蚁群算法

蚁群算法（ACO）是一种具有分布计算、信息正反馈和启发式搜索特征的全局优化算法。

4）禁忌搜索算法

禁忌搜索算法（TS）是通过模拟人类智能的记忆机制，采用禁忌策略限制搜索过程陷入局部最优来避免迂回搜索。同时引入特赦（破禁）准则来释放一些被禁忌的优良状态，以保证搜索过程的有效性和多样性。TS 算法是一种具有不同于遗传和模拟退火等算法特点的智能随机算法，可以克服搜索过程易于早熟收敛的缺陷而达到全局优化（马岚，2009）。禁忌搜索提出了一种基于智能记忆的框架，在实际实现过程中可以根据问题的性质做出有针对性的设计，本书在给出禁忌搜索基本流程的基础上，对如何设计算法中的关键步骤进行了有益的总结和分析。

禁忌搜索算法的基本流程如下。

步骤 1：设定算法参数，产生初始解 x，置空禁忌表。

步骤 2：判断是否满足终止条件，是则结束，并输出结果；否则，继续以下步骤。

步骤 3：利用当前解 x 的邻域结构产生邻域解，并从中确定若干候选解。

步骤 4：对候选解判断是否满足藐视准则？若成立，则用满足藐视准则的最佳状态 y 替代 x 成为新的当前解，并用 y 对应的禁忌对象替换最早进入禁忌表的禁忌对象，同时用 y 替换“best so far”状态，然后转步骤 6；否则，继续以下步骤。

步骤 5：判断候选解对应的各对象的禁忌情况，选择候选解集中非禁忌对象对应的最佳状态为新的当前解，同时用与之对应的禁忌对象替换最早进入禁忌表的禁忌对象。

步骤 6：转步骤 2。

新的优化算法层出不穷，为模型参数的识别提供了广阔的前景。

5）果蝇优化算法

Pan Wenchao 基于果蝇觅食行为，提出了一种新的全局优化的方法，称为果蝇优化算法（FOA）（Pan，2012；Liwan，2014）。相比于其他物种，果蝇在感官知觉尤其是嗅觉和视觉方面具有很强的优势。果蝇利用其嗅觉器官搜索 40km 范围内空气中飘浮的食物味道。然后，再利用敏锐的视觉飞向最近的食物和已经发现食物的伙伴。

作为一种比较全新的全局优化算法，果蝇优化算法不仅在科学和工程领域得到了广泛的应用，而且通过与其他方法进行混合运用到了数据挖掘中（Wang et al.，2012）。FOA 算法的优点在于运算速度快，算法简单，并且对计算机的要求也比较低。根据 2.4.3 内容可知调节因子 c 和核参数 σ^2 的选取直接影响 LSSVM 的拟合性能。因此，可用 FOA 优化的参数，并建立最佳的 LSSVM 拟合模型。实验结果显示 FOA 对 LSSVM 参数的选择具有很好的效果。

果蝇群体迭代搜索食物的示意图如图 2.8 所示。

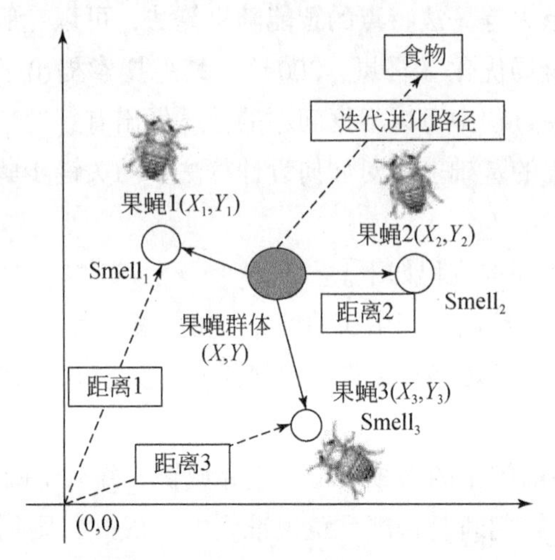

图 2.8　果蝇群体迭代搜索食物的示意图（Pan，2012）

果蝇优化算法的具体步骤如下。

步骤 1：果蝇群组的规模为 Size Pop，迭代的最大数量为 Maxgen，随机初始化果蝇群体位置为 X_axis，Y_axis。

步骤 2：果蝇群体位置更新由式（2.111）计算，其中 RandomValue（随机值）就是搜索到的距离：

$$\begin{cases} X_i = X\_\text{axis} + \text{RandomValue} \\ Y_i = Y\_\text{axis} + \text{RandomValue} \end{cases} \tag{2.111}$$

步骤 3：首先估计果蝇与食物源的距离 Dist_i，由式（2.112）所示，然后再计算食物味道浓度判定值 S_i，S_i 值是距离的倒数，由式（2.113）所示：

$$\text{Dist}_i = \sqrt{x_i^2 + y_i^2} \tag{2.112}$$

$$S_i = \frac{1}{\text{Dist}_i} \tag{2.113}$$

步骤 4：把味道浓度判定值 S_i 代入味道浓度判定函数，计算出果蝇个体位置的味道浓度 Smell_i，由式（2.114）所示：

$$\text{Smell}_i = \text{Function}(S_i) \tag{2.114}$$

步骤 5：找出此果蝇群体中味道浓度最高的果蝇，由式（2.115）所示：

$$[\text{bestSmell bestindex}] = \min(\text{Smell}_i) \tag{2.115}$$

步骤 6：记录并保留最佳味道浓度值与 x，y 坐标，由式（2.116）所示，此时果蝇群体利用视觉不断向目标位置靠近；

$$\begin{cases} \text{Smellbest} = \text{bestSmell} \\ X\_\text{axis} = X(\text{bestindex}) \\ Y\_\text{axis} = Y(\text{bestindex}) \end{cases} \tag{2.116}$$

步骤 7：重复执行步骤 2 和步骤 3，迭代寻优，当味道浓度不再优于先前迭代的味道浓度或迭代数量达到最大值时终止计算。图 2.9 是果蝇优化算法的流程图。

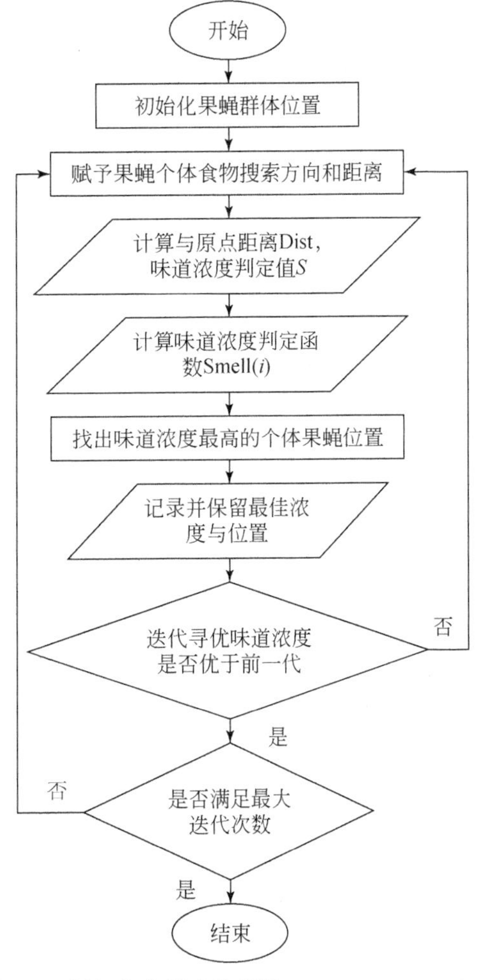

图 2.9　果蝇优化算法流程图（Pan and Pan，2011）

6）其他启发式算法

除了上面介绍的启发式算法外，还有贪婪自适应搜索算法、多智能体算法、人工神经网络、约束规划算法、引导局部搜索算法、门槛接收法等在 LRP 问题中也有应用。

在自然界“优胜劣汰，适者生存”的竞争机制下，生物界实现了从简单到复杂、从低级到高级的演变。这一过程为人类解决复杂问题提供了启示，于是通过探索自然界生物群体行为，然后进行计算机建模成为人工生命领域解决优化问题的主要研究方法。有社会性的动物具有自组织行为，如蜂群、蚁群、鱼群、鸟群等，这些群体的单个行为很简单，但当他们互相合作时会表现出智能的特征，群智能由此发展起来。所谓群智能（swarm intelligence，SI）是指具有有限的个体能力的非智能体组成的系统表现集体智能行为的一种特征（Gong et al.，2016），包括粒子群算法、鱼群算法、蚁群算法、蜂群算法等。这些算法通过研究不同对象的社会行为来解决现实生活中复杂的优化问题，并能得到满意的结果。

2.6 欧氏距离鉴别不完整序列理论

首先，通过 SOM 神经网络对原始序列进行分类。假设原始序列已被分为 k 类，并将每一类分别记为 c_1，c_2，$\cdots c_k$。现在对存在缺失值的新的序列 $z=(z_1, z_2, \cdots z_d)$ 进行归类。具体操作步骤如下。

步骤 1：计算分类后所有类别的类中心序列（Kohavi，2001）。类中心定义如下：如果第 i 类中有 m 个序列，并记为 $(x_{11}, x_{12}, \cdots x_{1d})$，$(x_{21}, x_{22}, \cdots x_{2d})$，…，$(x_{m1}, x_{m2}, \cdots x_{md})$，使得

$$\bar{x}_j = \frac{x_{1j} + x_{2j} + \cdots + x_{mj}}{m}(j=1, 2, \cdots, d),\ d < n, \tag{2.117}$$

然后，第 i 类的类中心被定义如下；

$$x_i = (\bar{x}_1, \bar{x}_2, \cdots, \bar{x}_d) \tag{2.118}$$

步骤 2：计算缺失序列与所有类中心序列的欧氏距离，并记为 $d_f(j=1, 2, \cdots, k)$。

步骤 3：找出最小的 d_f，那么序列 z 就属于距离最小的一类。

通过计算欧氏距离对不完整序列归类的理论，简记为 IID；IID 识别过程如图 2.10 所示。

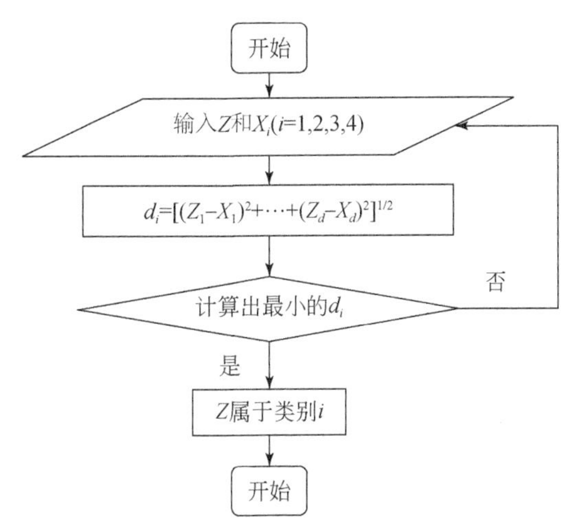

图 2. 10　欧氏距离鉴别不完整序列的流程图

2.7　交叉验证算法

作为一种对实验结果进行验证评价的技术，有时交叉验证也被称为旋转估计（Schucany，1989）。为了防止建立的模型出现过拟合问题（建立的模型在训练集上取得了很好的效果，但是，在测试集上当我们使用训练的结果来修复缺失的数据时，却表现出较差的效果），我们运用交叉验证技术来确定 LSSVM 的两个参数并对模型进行评价。近年来，CV 算法的应用变得越来越广泛，而且它是一种能合理评价模型且较为有效的方法（Goldstein，2004；Meng，2010；Racine，1993）。K 折交叉验证算法（K-CV），随机地将初始样本平均分为 K 个小样本，然后使用 $K-1$ 个小样本用于训练建模，剩下的一个样本作为测试集对模型进行测试并得到一个误差；这个过程将重复 K 次（K 折），最后将获得的 K 个误差的平均值作为 CV 误差，最小的 CV 误差对应最好的参数，从而建立了最佳的模型。这种方法的优点在于重复运用随机产生的子样本进行训练和验证，每个观测样本都被拿来进行一次验证（Mallat，1999）。而 10 折交叉验证是最常用的，但是 K 值却是一个不确定的参数。图 2. 11 展示了 K 折交叉验证的示意图。

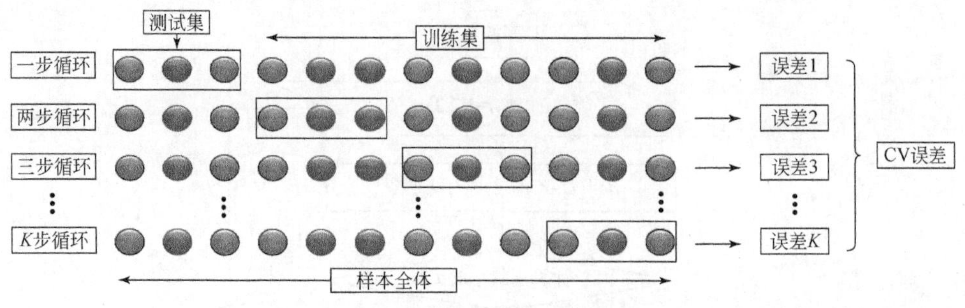

图 2.11　K 折交叉验证的示意图（Zhang et al.，2017）

2.8　小 波 分 析

2.8.1　小波变换分析

小波变换（wavelet transform，WT）是一种变换分析方法，是进行信号时频分析和处理的理想工具，它还是从一个线性空间映射到另一个线性空间的过程（管亮、冯新泸，2004）。小波变换和其他的线性变换一样，都是把信号分解成一系列不同频率的连续正弦波的叠加。小波变换还是一个时间和频率的局部变换，即在高频部分具有较高的时间分辨率和较低的频率分辨率，在低频部分具有较低的时间分辨率和较高的频率分辨率，这使得小波变换具有对信号的自适应性，它还能够有效地从信号中提取信息，通过伸缩和平移运算功能对函数或信号进行多尺度细化分析。所以，小波变换特别适用于高度不稳定信号，它在信号消噪、弱信号的提取及信号奇异性分析方面效果显著（Drago and Boxall，2002）。

小波变换在研究非平稳信号时比用傅里叶变换更有效。

2.8.2　连续小波变换

连续小波变换（CWT）与连续傅里叶变换都是定义在 $[-\infty, +\infty]$ 上的。其小波函数 $\psi(t)$ 是以 2π 为周期的平方可积函数，即 $\psi(x) \in L^2(R)$，其傅里叶变换必须满足条件：

$$W_{\omega} = \int \frac{|\psi(\omega)|}{\omega} \mathrm{d}\omega < \infty \tag{2.119}$$

给定一个连续的时间序列 $x(t)$ ，$t \in [-\infty, +\infty]$，小波函数 $w(g)$ 依赖于一个无量纲的参数 g ，可以表示为

$$\psi(\eta) = \psi(\tau, s) = s^{-1/2}\psi\left(\frac{t-\tau}{s}\right) \tag{2.120}$$

式中，$s > 0$，$\tau \in R$，t 为时间；τ 为迭代窗口函数的时间步长，即平移系数 s 为小波尺度，即尺度系数。$\psi(\eta)$ 有零均值并能定位时间和傅里叶空间。一个小波信号 $x(t)$ 的连续小波变换被定义如下：

$$W(\tau, s) = s^{-1/s}\int_{-\infty}^{+\infty} x(t)\psi^{*}\left(\frac{t-\tau}{s}\right)\mathrm{d}t \tag{2.121}$$

式中，$*$ 代表共轭复变函数，对 s 和 τ 进行平滑变化，一方面构建一个小波能量的二维图像；$W(\tau, s)$ 为小波信号 $x(t)$ 的频谱图波峰的频率（或尺度），这些波峰是随时间变化的（管亮等，2004）。

其小波逆变换为

$$x(t) = \frac{1}{W_{\omega}}\int_{0}^{+\infty}\int_{-\infty}^{+\infty} W(\tau, s)\psi(\tau, s)\mathrm{d}\tau\mathrm{d}s \tag{2.122}$$

2.8.3　离散小波变换

连续小波变换的计算需要大量的计算时间和资源，离散的小波变换（DWT）只需很少的时间而且具体实施比连续小波变换简单。我们只需将连续小波变换中的伸缩系数和平移系数离散化，就能得到小波变换的离散形式。离散小波信号记为 $x'(t)$ ，m_{jk} 为尺度系数，n_{jk} 为小波系数，则向前分解可以表示为式（2.123）（康玲等，2003）：

$$\begin{aligned} m_{jk} &= \langle x'(t) \mid \varphi_{jk}(t) \rangle \\ n_{jk} &= \langle x'(t) \mid \psi_{jk}(t) \rangle \end{aligned} \tag{2.123}$$

反向（合成）表示为式（2.124）：

$$x'(x) = \sum_{k=-\infty}^{\infty} m_{jk}\varphi_{jk}(t) + \sum_{j=1}^{\infty}\sum_{k=-\infty}^{\infty} n_{jk}\psi_{jk}(t) \tag{2.124}$$

分解方程是将给定时间信号序列 $x'(t)$ 分解为尺度系数 m_{jk} 和小波系数 n_{jk} 的过程。合成方程是利用尺度系数 n_{jk} 和小波系数 n_{jk} 对序列 $x'(t)$ 进行重构的过程。

离散的小波变换，原始时间序列通过高通和低通滤波器；此外，用小波算法得到了详细的系数和逼近级数；每一次重复一次滤波步骤，消除了对应于某些频率的信号的某些部分，得到近似值和一个或多个详细值。

2.8.4 小波降噪

由于受到复杂的地理环境及实验测量，得到的地下水埋深的数据集含有系统噪声和测量噪声。传统的时间序列降噪方法难以建立合适的状态空间模型，且只能较好地适用于线性系统。傅里叶变换仅适合于平稳的序列。小波多尺度能将高频成分和低频成分有效分离，降噪效果更强，在水文方面已得到很好的应用（杨勇等，2014；Donoho，1995）。

设 $x(t)$ 是平方可积函数 $x(t) \in L^2(R)$，$\varphi(t)$ 是被称为小波或母小波（mother wavelet）的函数，则

$$\mathrm{WT}_x(a,\ \tau) = \frac{1}{\sqrt{a}} \int_{-\infty}^{+\infty} x(t) Y^* \left(\frac{t - \tau}{a} \right) \mathrm{d}t = \langle x(t),\ Y_{a,\ \tau}(t) \rangle, \quad a > 0 \tag{2.125}$$

称为 $x(t)$ 的小波变换。$a > 0$ 为尺度因子，τ 为位移，可正可负。

$\psi_{a,\ \tau}(t) = \frac{1}{\sqrt{a}} \psi\left(\frac{t - \tau}{a} \right)$ 是基本小波的位移与尺度伸缩，τ，a 和 t 均为连续变量，式（2.125）的等效的频域表达式为

$$\mathrm{WT}_x(a,\ \tau) = \frac{\sqrt{a}}{2\pi} \int_{-\infty}^{+\infty} X(\omega) \psi^*(a\omega) \mathrm{e}^{j\omega\tau} \mathrm{d}\omega \tag{2.126}$$

式中，$X(\omega)$，$\psi(\omega)$ 分别为 $x(t)$ 的傅里叶变换。

假定信号 $x(i)$ 来源于一光滑信号 $f(i)$ 的均匀采样，采样信号被加性噪声 $n(i)$ 所污染，于是带噪声信号为

$$x(i) = f(i) + n(i), \quad i = 1,\ 2,\ \cdots,\ N \tag{2.127}$$

式中，$n(i)$ 为白噪声，原信号通常表现为低频信号或者是一些光滑信号。所以，降噪过程可以按照如下的方法进行处理：首先对信号 $x(i)$ 进行小波分解，分解四层的过程如图 2.12 所示，噪声通常在 cD1，cD2，cD3，cD4 中，用小波阈值对小波系数进行处理，然后对信号进行重构即可以达到降噪的目的。从 $x(i)$ 中恢复出真实的信号 $f(i)$。

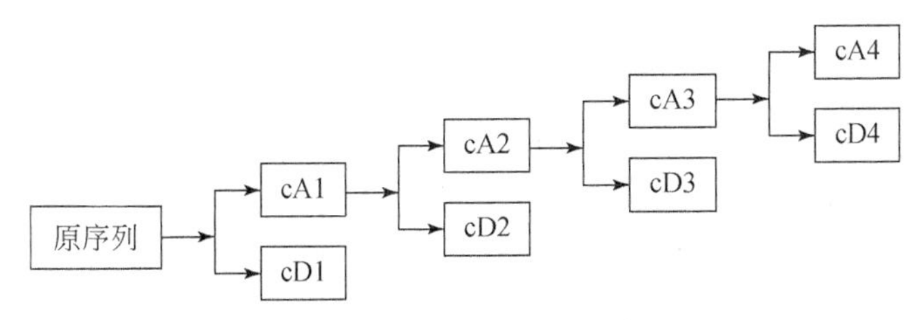

图 2.12　信号的四层分解过程（Zhang et al. , 2017）

2.9　时空克里格插值

地理学第一定律指出，自然界中许多地理现象或地理变量在空间或时间上都存在着一定的相关性，由此建立了时空克里格插值方法。而在进行统计分析之前，我们有必要对序列进行平稳性假设，地理统计学中有两类平稳假设（李世鹏，2014）：二阶平稳假设或固有假设，两者均相对于空间变量而言。平稳时空序列的直观含义是序列的均值、方差、协方差等都不随时间的演变和空间位置的不同而发生变化。时空平稳只存在理论上的可能性，在实际应用中要求并没有这么严格，只要满足时空序列的均值和方差为常数，对应的协方差为时间延迟 k 和空间延迟 h 的函数，即时空协方差函数，即可说明该序列的时空平稳性（李莎等，2012a）。因此，对一个时空平稳过程来说，时空建模就是要找一个适当的时空协方差函数来描述时空序列在时间和空间上的变异。

变异函数表示的是随机变量的变异结构或空间（时间）的连续性，是进行克里格插值的重要基础。时空克里格的目的是根据目标周围若干已测时空点的属性值，对未测时空点的目标属性值进行预测，即

$$Z_0 = \sum_{i=1}^{n} \lambda_i Z_i \tag{2.128}$$

$$\sum_{i=1}^{n} \lambda_i = 1 \tag{2.129}$$

式中，Z_0 为未知点；$Z_i(i=1,\ 2,\ \cdots,\ n)$ 为 n 个已知点；λ_i 为权重系数。样本时空变异函数的表达式如下：

$$\gamma^*(h_s,\ h_t) = \frac{1}{2N(h_s,\ h_t)} \sum_{i=1}^{N(h_s,\ h_t)} (Z(s_i + h_s,\ t_i + h_t) - Z(s_i,\ t_i))^2 \tag{2.130}$$

式中，$Z(s_i, t_i)$ 为样本观测值；$N(h_s, h_t)$ 为相距（h_s，h_t）的样本对数。通过构建理论时空变异函数模型来获取任意空间和时间间隔的时空变异（半方差）值。变量在时间和空间上变异情况的差异性，使得建立时空变异函数模型要比建立一般的空间变异函数模型困难（Ma，2003b）。Ma（2003b）提出了时空半变异函数的六种基本理论模型，在实际应用中，首先要根据经验选择合适的理论变异函数模型，然后结合拟合精度确定最终时空变异函数（孙雪涛，2004）。在此过程中，预测精度往往受到主观因素影响，并且，模型选择参数较多，估计困难。

2.10 本章小结

本章主要介绍本书在区域地下水埋深时空预测混合模型构建中运用到的基本理论与方法，如时空序列预测理论、非线性分析方法（SOM、LSSVM、GRNN等）、参数优化方法、FOA、GA、CV、WD、时空克里格插值理论等，为后续研究提供基本理论支撑。

第3章 研究区概况

由于地理位置、环境、气候特征及社会经济等因素的制约，民勤县地下水资源严重匮乏，生态环境极其脆弱。因此，在深刻认识和了解民勤县环境和经济等条件的背景之下，来分析并建立民勤县地下水埋深空间预报体系，对民勤县地下水资源的管理和可持续开发利用就显得尤为重要。本章主要对民勤绿洲的自然地理、水文气象、社会经济、生态环境及水资源概况进行介绍。

研究区地理位置如图3.1所示。研究数据中，民勤县气温、降水和蒸发量数据收集于民勤县气象局；大牲畜存栏、耕地面积、粮食产量、GDP、上游来水量等相关的社会经济、农业、生态和水资源数据分别收集于民勤县统计局和民勤县水务局。

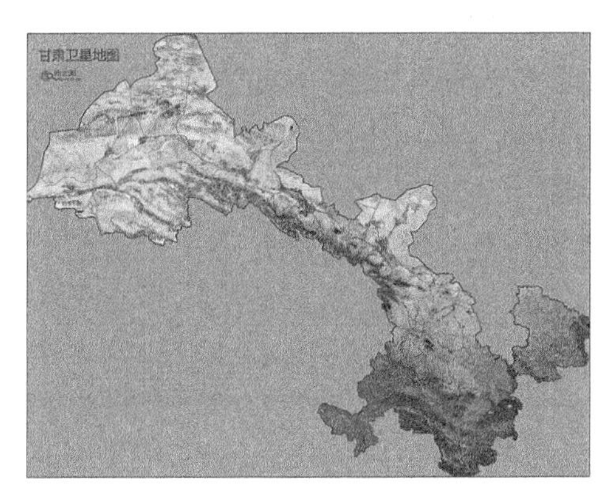

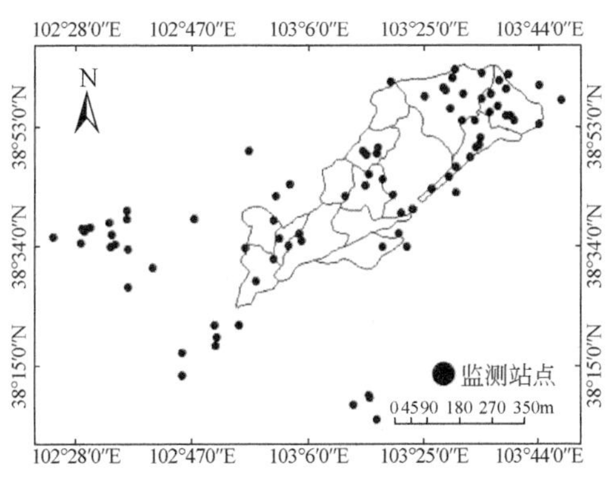

图3.1 研究区示意图（崔锦泰，1995）

3.1 研究区基本情况

3.1.1 地理位置

民勤县地处101°49′41″~104°12′10″E和38°03′45″~39°27′37″N，位于河西走廊东北部、石羊河流域的最下游，东北面、西北面与内蒙古自治区阿拉善左、右旗接壤，西靠镍都金昌市，南邻武威市凉州区，全县总面积为16016km^2，辖5个镇、13乡，是镶嵌在古丝绸之路要道上的一颗绿色宝石。

民勤绿洲位于民勤县域的中部（102°45′~103°55′E和38°20′~39°10′N），系经石羊河冲击而成的平坦狭长的绿洲带。其南面沿石羊河两岸的绿洲与凉州区连接，东、西、北三面被腾格里、巴丹吉林沙漠包围，是我国典型的荒漠绿洲之一。民勤绿洲是民勤县的绝大多数人口和主要的社会经济活动的集中地（纪永福等，2005）。绿洲总面积约为2400km^2，包括城镇、灌区和废弃的盐碱荒地，占民勤县土地面积的11.3%（宋冬梅，2004）。红崖山灌区地处民勤县腹地，地理位置在102°02′~103°02′E，38°05′~39°06′N。灌区东北两面被腾格里沙漠包围，西与巴丹吉林沙漠毗邻，素有“沙漠绿洲”之称。灌区由坝区、泉山、湖区三个自然灌区组成，南至红崖山水库，北到青土湖，长约100km，共有13个乡镇及2个国有农林场。

3.1.2 气温

民勤县多年月平均气温如图3.2所示。民勤县地处内陆腹地，伸入巴丹吉林和腾格里两大沙漠中，属典型的大陆性气候，气候干旱、降雨稀少、蒸发强烈、夏热冬冷寒、温差悬殊、日照充足。据民勤县气象局1953~2000年资料分析，年平均气温7.8℃，极端最高气温41.1℃，极端最低气温-27.3℃，平均气温日较差15.2℃。全年大于等于10℃积温3147.8℃，年平均日照时数3021小时，无霜期130天，最大冻土层深度115cm。

民勤县多年年平均气温变化如图3.3、图3.4所示。月平均气温最高发生在7月，为23.3℃；月平均气温最低发生在1月，为-8.7℃。民勤县偏冷时段为20世纪60~80年代，偏暖期从1990年开始，其中1967年平均气温为最小值（6.5℃）；2007年平均气温为最大值（10.7℃）。

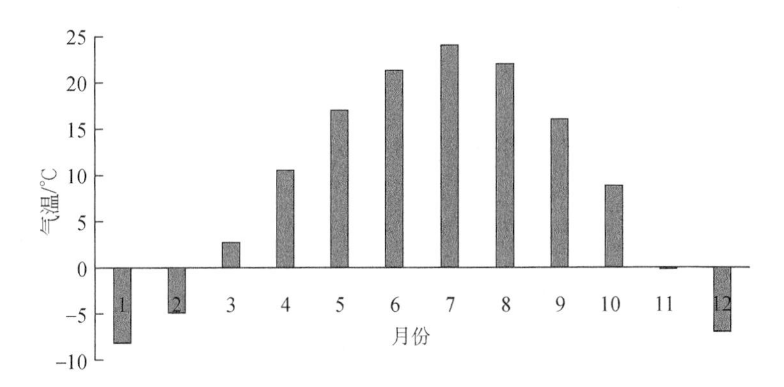

图 3. 2　民勤县多年月平均气温图

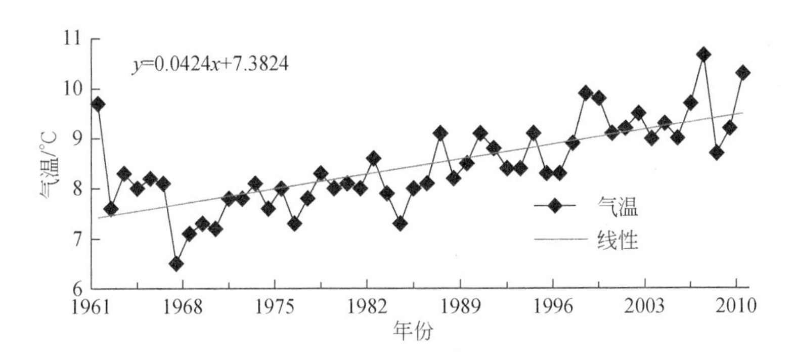

图 3. 3　民勤县多年年平均气温变化图

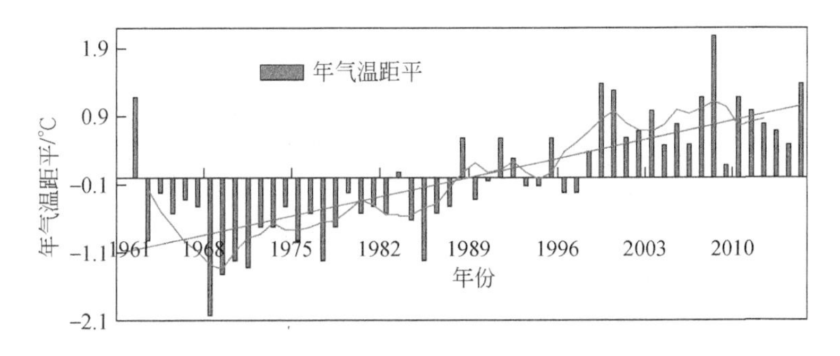

图 3. 4　民勤县多年年平均气温距平及趋势变化图

直线为年气温距平趋势线，曲线为年气温距平时序

3.1.3 地形地貌

境内地势四周高，中部低，四周被低山、沙漠环绕，地势由西南向东北倾斜，具有明显的盆地地貌特征。红崖山以南的蔡旗、重兴属祁连山地槽的河西走廊武威盆地，海拔1400～1500m，地面坡降约为1/600；红崖山以北是阿拉善台块边缘，称民勤盆地，海拔1180～1400m，地面坡降为1/1500～1/1000；昌宁地区是金川河最下游的一个冲积湖积盆地称昌宁盆地，地面坡降由南向北为1/1500～1/600；南湖乡是邓马营湖盆地的一部分，海拔1460～1500m，地势由西南向东北倾斜，地面坡降为1/280～1/260。地貌类型根据地貌成因，全县共分四个。一是冲积-湖积平原地型，即绿洲部分，是民勤县主要农业活动区域，有两大片：石羊河灌区（包括环河和红崖山水库灌区）及边缘荒地，面积2113km^2；金川河下游的昌宁绿洲，面积466km^2，加上沙漠中小片湖，总面积约为3505.3km^2，占全县总面积的21.8%。二是风积地形，为县境主要的地貌类型，约7774.7km^2，占全县总面积的47.5%。三是洪积-坡积地形，分布在山前一带，由碎石、亚砂土组成，表层为砾石，面积为3573.3km^2，占全县总面积的22.3%。四是低山、丘陵地形，均为岛状弧山，面积共有162.7km^2，占全县总面积的7.3%。

3.1.4 工程地质

1. 地质概况

红崖山灌区位于民勤盆地内，昌宁灌区位于昌宁盆地内，昌宁盆地在地质构造上属阿拉善弧形构造带，北部为北大山弧形隆起，南部为龙首山弧形隆起，民勤盆地位于北大山和龙首山之间的潮水拗陷带。盆地南部由鹿沟山、馒头山、红崖山等组成，高程为1750～1870m。民勤盆地地形较为平坦，微倾向北部，西面为巴丹吉林沙漠，东面为腾格沙漠，在北部，两个沙漠已经接壤，形成了民勤三面与沙漠接壤的局面。

2. 工程区地层结构及特性

工程区内地质条件单一，地层岩性上部为冲洪积砂壤土、粉质壤土、粉质黏土等，厚0.5～4.0m，下部为冲洪积细砂层。根据探坑取样实验分析，上部土层的液限为20.3%～23.8%，塑限12.8%～14.3%，塑性指数7.5%～9.5%，比重

2.69%~2.70%；土粒的颗粒组成中粒径大于0.05mm的含量占13.5%~31.0%，0.005~0.05mm粒径含量占42.7%~56.7%，小于0.005mm粒径含量占12.3%~43.8%；冲洪积细砂的颗粒组成中大于2mm粒径含量占0.2%，0.5~2mm粒径含量占24.6%，0.25~0.5mm粒径含量占45.2%，0.075~0.25mm粒径含量占29.3%，小于0.075mm粒径含量占0.7%。

3. 水文地质

1）地下水赋存的地质条件及构造基础

县境内山区与平原区地层岩性截然不同，即山体之间、平原内部、岩状及结构各有差异。一是在山体中，北山主要由古生代岩浆岩构成，前震旦纪片岩，片麻岩零星分布；红崖山及盆地内零星分布的狼刨泉山、莱菔山，岩性主要由前震旦纪、震旦纪片岩、片麻岩、千枚岩、变质砂岩，白垩纪和古近纪泥岩、砂质泥岩、砂岩及砂砾岩构成。二是在平原区，是上新世以来地面大幅度下降，上新统及第四系广泛沉积而形成的。从地层岩性可知，民勤保留了中、新生代以前大构造运动所形成的基本轮廓，但中新生代以来又经过了以强烈差异性断块运动为主的构造发展时期，伴随盆地大幅度沉降，产生了一系列断裂，其中对水文地质条件具有控制意义的为北山山前断裂及红崖山-阿拉古山的大断裂。前者使山前平原基底隆起，第四系厚度急剧变薄，并基本不含孔隙水；后者近东西向分布，切断了中上更新统含水层，断层两侧的地下水位差10m左右，是民勤盆地与南部武威盆地的分界线。

2）地下水赋存特征

根据民勤县地质地貌条件和地下水赋存形式，本区地下水分基岩裂隙水和孔隙水两种类型。一是基岩裂隙水：红崖山中含有一定的裂隙水，降深30m的单井涌水量一般为10~15m^3/d，北山裂隙水匮乏，富水状微弱，单井涌水量小于10m^3/d。二是孔隙水：据钻孔揭露，县境内第四系为多层结构，由砂、砂砾石构成的含水层与由亚黏土、亚砂土构成的隔水层分五层分布，含水层岩状由南部的砂砾石向北渐变为砂及粉细砂，隔水层除浅部多是不连续分布外，深部普遍连续稳定分布，按隔水层分布特征及大量的钻孔抽水实验资料，可将地下水分为三大动力类型：①在70~100m为潜水-承压水，称上层水；②在100~200m为承压水，称中层水；③200m以下为深层水。分区含水层厚度为：环河灌区200m以上；红崖山灌区第四系厚度300m左右，含水层100m左右；昌宁、南湖大部分地区含水层不超过100m。孔隙水的补给来源为：武威盆地的侧向补给、金川河潜流补给、河渠河田入渗补给、降水入渗补给及凝结水入渗补给五种方式。地下水径流特征如下：环河区及民勤盆地地下水自西南向东北方向流动；昌宁灌区东部、南部地下水自西南偏南向东北偏北方向流动，在其北部径流方向改变为北及西北方向流动，昌宁盆地与民勤盆地间形成了地下水分水岭，潮水盆地主要接受昌宁盆地地下水补给，并在盆地低洼处汇集，以蒸发消耗排泄；邓马营湖地下水近南向北流动。地下水埋深为：环河区大多数地带 3 ~ 5m；民勤与昌宁盆地形成了以灌区为中心，水位埋深向边缘地带递减的规律性，呈漏斗状，灌区内水位埋深多大于 12m，是灌区长期开采地下水造成水位下降的结果。地下水排泄以灌区内人工开采、浅埋藏带的陆面蒸发、林木蒸腾为主。

3）地下水水质

地下水化学：民勤县平原区地下水化学具有水平和垂直分异特征。一是浅层水化学分带，可划分为三个基本水化学带：①硫酸盐-重碳酸盐淡水-微咸水带，分布于环河及泉山坝区灌区南部、昌宁、邓马营湖区域，硫酸盐质量分数为 50% 左右；②硫酸盐-氯化物微咸水-咸水带分布于县境内中部广大地区，硫酸盐质量分数为 50% ~ 67%；③氯化物-硫酸盐咸水带，分布于潮水盆地民勤北盆地。二是地下水质垂直分异，地下水质垂直分异规律表现为矿化度随深度的增加而降低。200m 以下深层地下水矿化度一般都小于 1. 5g/L。特别是民勤盆地北部，上、中层水质极差、矿化度大于 4. 0g/L，而在 200m 以下深层大多地段矿化度低于 2. 0g/L。地下水质评价：上部潜水-承压水和中部承压分布地区的民勤盆地中部及北部、潮水东盆地、环河灌区西北部均属水质极差区；昌宁灌区自南而北，水质由优良过渡到较差；环河灌区东部，邓马营湖、民勤盆地南部为水质良好区。民勤北部深层承压水，红沙梁乡、西渠镇、东湖镇南部水质较好，而北部水质依然很差，矿化度大于 2 ~ 3g/L。

3.1.5 土壤

民勤因所处地形、地貌条件，自古承受了石羊河及其上游诸支流大量洪积、冲积物及本身的湖积物质，并随沙漠的侵入，又接纳了大量的风积物，故县境内土壤主要是在以下两类成土质上发育而成。一是耕作土壤。分布于绿洲腹地，地势稍高，土层深厚而肥沃，主要种类有土头地、沙土地、漏沙地、盐碱地四大类：①土头地是本县耕地中最好的土壤类型，土层厚一般在 1. 0m 以上，土质为沙壤、壤土，底层为塘泥和胶泥，保墒抗旱能力较强，约占全县耕地面积的 49%；②沙土地，由于风积作用，表层为砂和砂土，下层为壤土，多分布在沙丘或柴湾的东沿，保墒尚可，但风沙影响极大，其面积约占14%；③漏沙地，土层薄，一般厚0.4～0.6m，下为砂层，持水保墒能力均差，面积约占11%；④盐碱地，灌区内均有分布，其中含盐量大于0.3%的盐碱地，全县面积约42万亩。盐分主要是硫酸和氯化物，按盐分多少，分轻盐化土、中盐化土、重盐化土三类。轻盐化土主要分布于坝区、环河、昌宁、泉山等地，含盐量小于0.3%；中盐化土主要分布于湖区、泉山、夹河等地，含盐量0.3%～0.6%；重盐化土主要分布于湖区北部，含盐量0.6%～1.0%。

二是荒地土壤。土壤类型有：①灰钙土（包括灰漠土、风沙灰漠土、风沙潜育灰漠土），面积约有66.6万亩；②草甸土（包括荒漠化草甸土、潜育草甸土），面积约为26万亩；③风沙土面积为9.5万亩；④盐土（包括草甸盐土、潜育草甸盐土、荒漠化盐土、典型盐土、荒漠化潜育土），面积约为36.1万亩；四大类型土壤总面积138.2万亩，具有垦殖价值，占全县总面积的3.6%。

3.1.6　自然灾害情况

全县自然灾害类型有沙尘暴、大风、冰雹、热东风、早晚霜冻、干旱等，重点以干旱、沙尘暴、大风等灾害为主。近年来自然灾害频繁发生，流沙每年以3～4m的速度向绿洲腹地逼近，绿洲内年均风沙日数达139天，8级以上大风日29天，沙尘暴日37天，最大风力11级。“5·5”（1993年）、“5·30”（1996）、“4·12”（2000年）、“6·5”（2000年）、“4·24”（2010年）五次强沙尘暴给农业生产造成直接经济损失超过3.2亿元，仅2001年16次8级以上大风，14次强沙尘暴，农作物受灾面积38万亩[①]；1993年“5·5”风暴，风力达12级，瞬间最大风速34m/s，造成各类直接经济损失达1.5亿元；2010年“4·24”特强沙尘暴袭击，瞬间极大风速达到28m/s（阵风10级），持续时间3个多小时，最小能见度为0，导致停电、火灾等多起事故，农作物受灾面积37.5万亩，日光温室受灾面积5660亩，小拱棚受灾面积3万亩，造成各类直接经济损失达2.5亿元。民西、民昌等县乡公路常因风沙侵袭和埋压中断，导致正常交通受阻。红崖山水库受风沙危害淤积量达3279万m^3，导致库床抬高、有效库容减小，调蓄功能减弱。各级渠道也常因沙填进影响正常运行，增加了清淤和养护费用。水资源短缺引起的生态环境恶化趋势，导致自然

① 1亩≈666.7m^2。

灾害频繁发生，尤其大风、多风气候加剧了土地荒漠化进程，具体表现为可利用土地面积缩小和土地质量逐渐降低。地处最北部的湖区四乡镇因水资源紧缺弃耕撂荒耕地面积达 10 多万亩，沙化土地面积达 10 万亩，因使用高矿化度水灌溉引起土壤盐渍化的土地面积超过 10 万亩。

3.1.7　社会经济和生态

1）经济

民勤县多年年人均 GDP 变化如图 3.5 所示。2010 年末，民勤县总人口为 31.3 万人，其中，农业人口占全县总人口数的 94.24%。当年实现国内生产总值 32.85 亿元，同比增长 13%，人均生产总值 11043 元，人均财政收入为 402 元，农民人均纯收入为 5215 元，同比增长 26.38%，城镇居民人均可支配收入为 8829 元。人均固定资产投资 14159 元，人均消费品零售总额 3628 元。

图 3.5　民勤县多年年人均 GDP 和年大牲畜存栏变化

民勤县电网用电情况如图 3.6 所示。2010 年，全县总用电量为 20.97 万千瓦时，其中农业排灌用电量（12.74 万千瓦时）最多，占总用电量的 60%；非工业和普工业用电量为 2.49 万千瓦时，占总用电量的 12%；居民生活用电量为 2.16 万千瓦时（居民人均生活用电 121.70 千瓦时），占总用电量的 10%；大工业用电量为 1.46 万千瓦时，占总用电量的 7%；农业生产和商业等其他生活生产方式用电量为 1.37 万千瓦时，占总用电量的 11%。

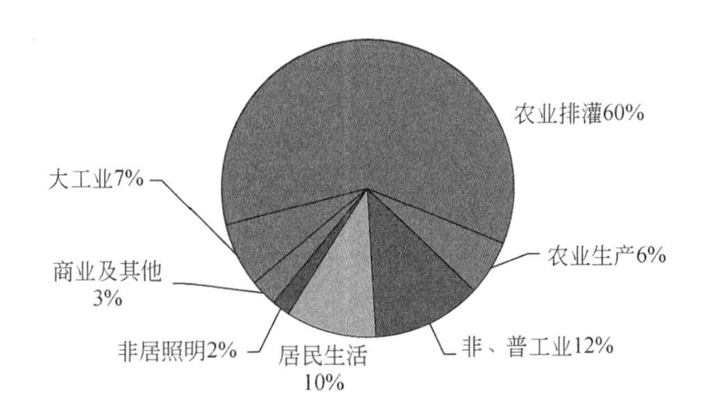

图3.6　民勤县电网用电情况图

2）人口

民勤县绿洲及乡镇分布如图3.7所示。全县辖18个乡镇，245个行政村，2012年人口为27.43万人，其中农村人口24.02万人，城镇人口3.41万人。境内有汉族、回族、藏族、蒙古族、土族、东乡族等15个民族，其中汉族占99%以上。人口自然增长率2.05‰，全县人口密度为17人/km^2，包括5个镇、8个乡。

3）耕地面积情况

民勤共有耕地面积为106.52万亩，其中红崖山灌区89.56万亩，昌宁灌区9.15万亩，环河灌区7.81万亩；按照《石羊河流域重点治理规划》，到2012年全县压减配水面积43.99万亩，压减后保留面积62.53万亩，其中红崖山灌区56.26万亩，昌宁灌区2.29万亩，环河灌区3.98万亩。

4）粮食综合生产能力

民勤县多年年粮食作物单产变化如图3.8所示。农业是全县的经济支柱。全县耕地面积106.52万亩，配水面积62.53万亩。2012年，粮食作物以小麦、玉米为主，经济作物主要有棉花、葵花、茴香、辣椒、洋葱、瓜类等，粮经种植比例为30∶70。粮食作物中小麦灌水5～6次，平均亩产量475kg/亩；玉米灌水7～8次，平均亩产量629kg/亩，2012年全县粮食总产10.6万t。经济作物中棉花灌水4～5次，平均亩产量100kg/亩（皮棉）；葵花灌水4～6次，平均亩产量300kg/亩；瓜类灌水6～7次，平均亩产量4000kg/亩；其他作物如大麦、茴香、油料等灌水5～6次，产量基本稳定。

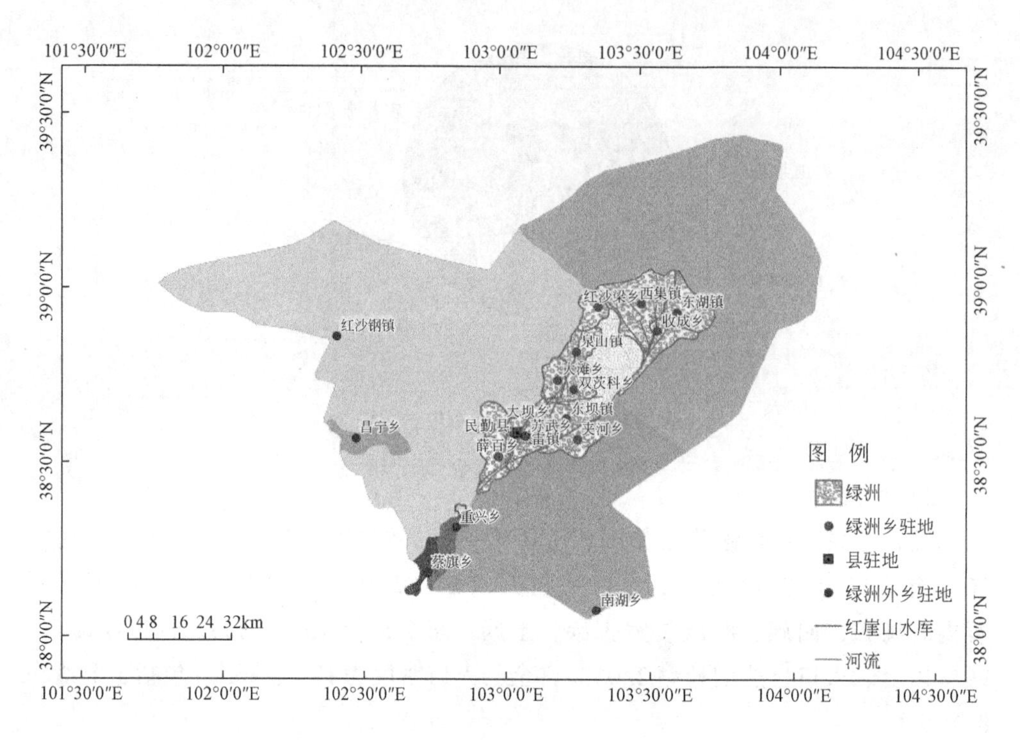

图 3.7　民勤县绿洲及乡镇分布图

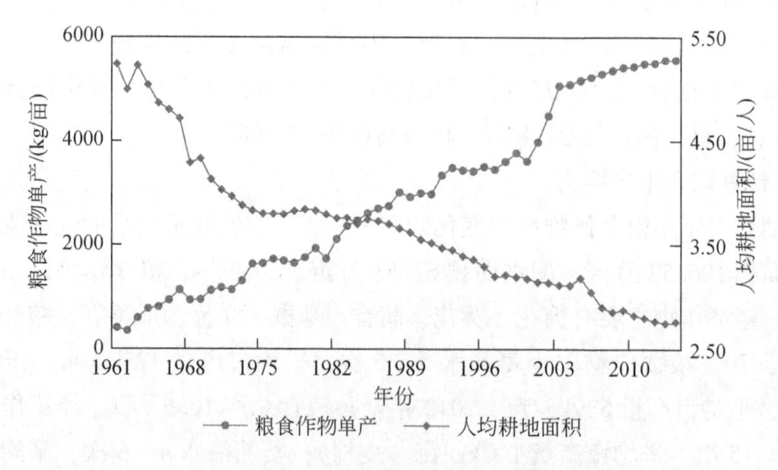

图 3.8　民勤县多年年粮食作物单产变化图

如图 3.8 所示，多年年人均耕地面积逐渐减少，1961 年为 5.24 亩，2010 年为 3.12 亩；粮食作物单产增长幅度相对较大，从 1961 年的 40.5kg/亩增长为

2010年的541kg/亩。

风多沙大，以偏西偏东风较多，年平均风速2.8m/s，最大风速31m/s，8级以上大风年平均出现27天，沙暴尘年平均出现37天，6月中旬至7月上旬常有干热风的袭击，对农作物成熟期的影响较大，严重影响春小麦的产量。由于特定的地理位置，太阳辐射强，空气湿度小且多高温和大风天气，县境内蒸发十分强烈，多年降水量在42.2～185.5mm，年均降水量110mm，主要集中在7～9月，占全年总量的66%；而蒸发量高达2644mm，是降水的24倍，作物生长期4～7月蒸发量占年蒸发量的70%。强烈的蒸发和稀少的降雨加剧了植物的蒸腾，不仅农业生产完全离不开灌溉，而且自然植被由于干旱少雨，生长也极其脆弱，甚至无法生存，所以气候干旱是民勤农业发展的一个主要限制因素。民勤干燥度大于4，为全国最干旱的地区之一。

5）生态

民勤县地处干旱区，其降水量稀少、蒸发强度大、风多且风速大。近年来，上游来水量的逐渐减少及高强度的开采利用地下水，加快了民勤县内土地沙化及盐渍化的进程。同时，植被的衰退、生物种类的减少、土壤的旱化，使得民勤绿洲的面积急剧缩减。而水源的减少是导致民勤绿洲生态环境恶化的直接原因。生态环境的日益恶化，严重影响着民勤绿洲的经济发展和生态安全，因此，想要解决民勤生态环境的恶化问题，首先要解决其水资源短缺的问题（宋冬梅等，2004）。

近年来，民勤县牢固树立绿色发展理念，大力实施“生态立县”战略，突出自然保护区和防沙治沙为工作重点，全面提升“节水、造林、治沙、防污”水平，生态环境保护与建设取得显著成效。2010年，民勤县关闭机井723眼，压减耕地面积17.33万亩，年节水2892万m^3。全县全年共完成人工造林面积7.535万亩，通道绿化294.1km，工程压沙4万亩，栽植各类乔灌木3060万亩，义务植树200万株，退耕还林31.43万亩。

3.2　水资源概况

想要阻止民勤生态环境的不断恶化，解决其水资源短缺的问题及怎样解决水资源短缺问题至关重要，怎样对现有的水资源进行合理的利用已成为当下建设民勤生态绿洲的关键。

3.2.1 降水

民勤县多年月平均降水量变化如图 3.9 ~ 图 3.11 所示。民勤县多年月平均降水量的动态变化如图 3.9 所示。由图可知，降水主要集中在 6 ~ 9 月，年内降水量分配很不均匀。其间总降水量 84.14mm，占全年（总降水 114.44mm）的 73.52%，7 月、8 月降水量尤为突出。8 月降水量最大，平均值为 28.21mm；1 月降水量最小，仅为 0.92mm。该县域年平均降水量为 114.44mm，如图 3.10 所示。其中，最大年（1994 年）降水量为 202mm，最小年（1962 年）降水量为 42.2mm，极值比为 4.79。由图 3.10、图 3.11 可知，20 世纪 60 年代前期，县域年降水量较少；60 年代后期，年降水量增加趋势显著；70 年代民勤县降水量居多；80 年代后波动减少；90 年代前期，年降水量有所增加，之后变化平稳；21 世纪之后，年降水量增加不明显。总体上来说，该县域多年降水量呈略微增加趋势，降水量稀少。

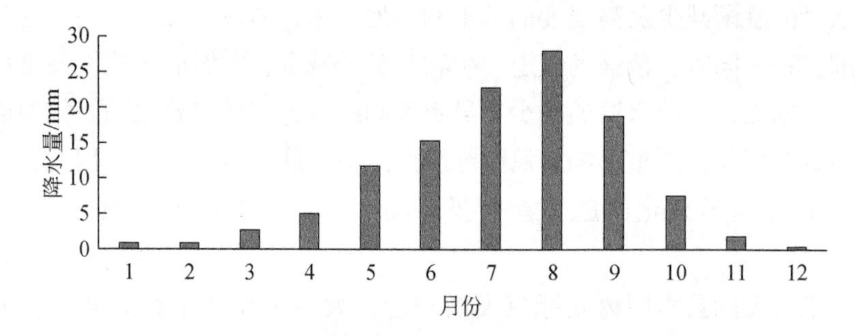

图 3.9　民勤县多年月平均降水量变化图

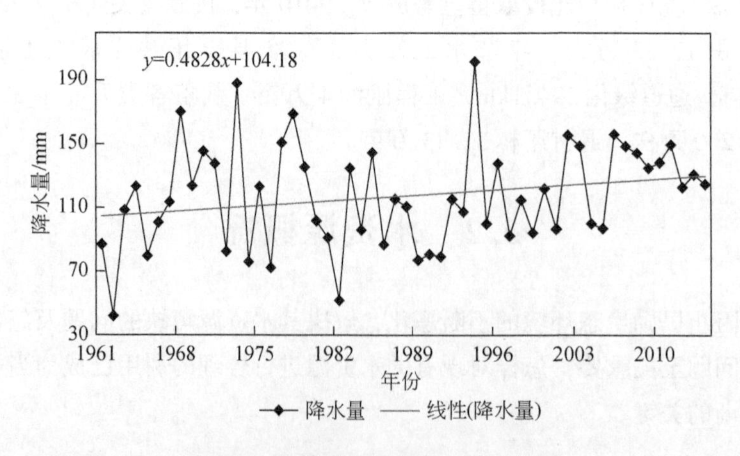

图 3.10　民勤县多年年降水量变化图

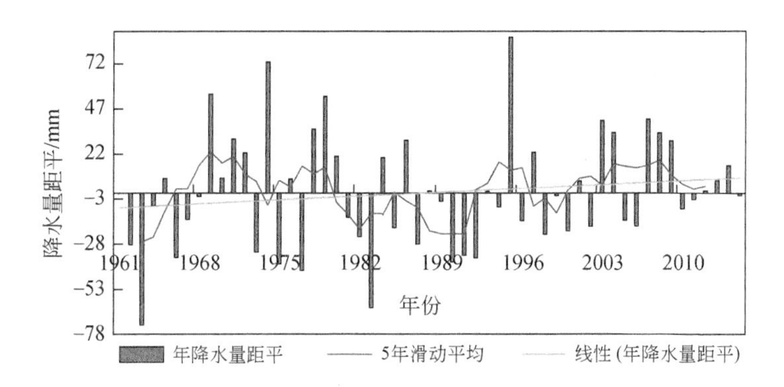

图3.11　民勤县多年年降水量距平变化图

3.2.2　蒸发

民勤县年内蒸发量（图3.12）主要集中在4～8月，蒸发量为1619mm，占全年（蒸发量2644mm）的68.73%；5月平均蒸发量最大，为393.9mm；1月平均蒸发量最小，为44.4mm，二者之比为8.87。县域多年平均蒸发量（图3.13）为2644mm，多年年蒸发量的变化趋势不明显，其中，最大年（1962年）蒸发量为2984.4mm，最小年（1967年）蒸发量为2205mm。1961～1966年，年蒸发量距平为正距平，说明其间年蒸发量相对较大；从1968年开始，年蒸发量急剧下降，其间年蒸发量相对较小；1971～2010年相对较大；从1968年开始，年蒸发量急剧下降，其间年蒸发量相对较小；1971～2010年，年蒸发量呈现波动式的小幅度增加趋势，正、负距平交替出现（图3.14）。总体来说，民勤县年蒸发量强度相当大，年平均蒸发量为年平均降水量的24倍。

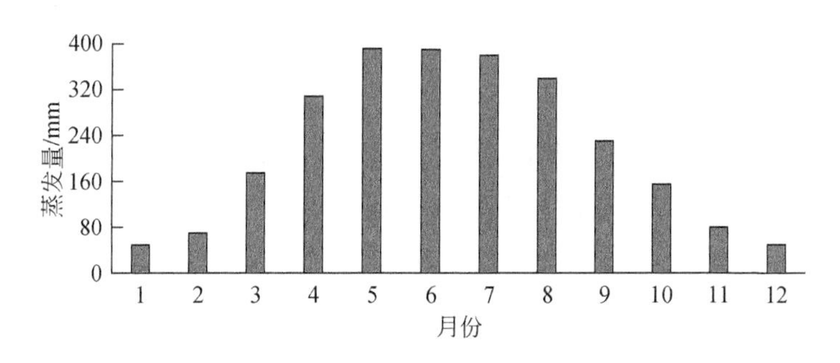

图3.12　民勤县多年月平均蒸发量变化图

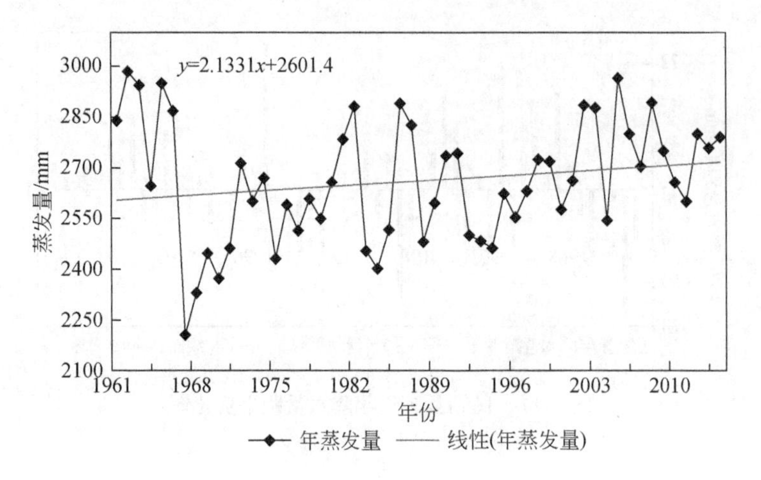

图 3.13　民勤县多年年蒸发量变化图

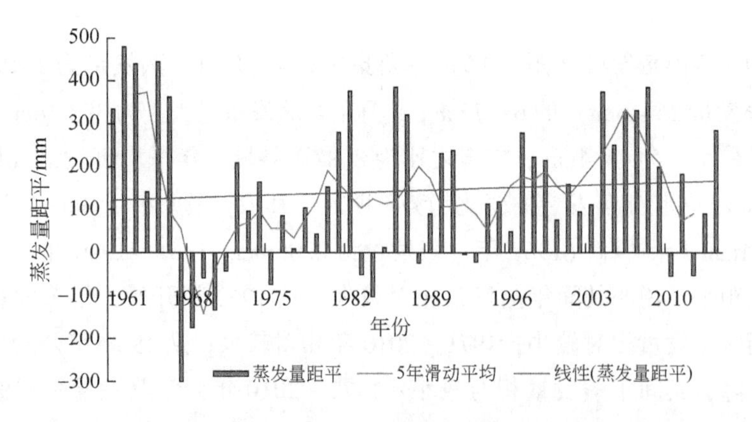

图 3.14　民勤县多年年蒸发量距平变化图

3.2.3　地表水

武威市民勤县位于甘肃省河西走廊东端，石羊河流域下游，境内没有自产地表水资源，唯一的地表径流是南部进入境内的石羊河。另有民调水和西营河专用输水渠调水两部分客水。

1）入境水资源

石羊河由大靖河、古浪河、黄羊河、杂木河、金塔河、西营河、东大河和西大河 8 条山水河流汇集而成，其中大靖河、西大河分别在大靖盆地和金川–昌宁盆地被全部消耗利用，古浪河、黄羊河等六河在武威南盆地内经利用转化，最终在南盆地边缘汇成石羊河，进入民勤县境内。石羊河径流由基本径流、冬春余水和洪水三部分组成。《石羊河流域重点治理规划》在对区域水资源进行优化配置的基础上，确定流域近期治理任务完成后，六河河道下泄水量在民勤县与凉州区的分界点蔡旗达到1.08亿m^3以上。

2）客水资源

《石羊河流域重点治理规划》确定流域近期治理任务完成后，景电二期延伸向民勤调水工程向蔡旗年调水0.49亿m^3，西营河专用输水渠向蔡旗年调水1.1亿m^3。远期2015年，《石羊河流域重点治理调整实施方案》确定景电二期延伸向民勤调水工程向蔡旗年调水增加至0.79亿m^3，西营河专用输水渠调水量不变。

综合入境水资源及客水资源两项，民勤县地表水资源2012年为2.6亿m^3，至2020年流域综合治理完成后，民勤县地表水资源达到2.9亿m^3。

2012年，石羊河流域重点治理近期治理任务基本完成，蔡旗断面下泄水量达到2.62亿m^3，近期治理约束性目标实现。因此，分析在继续巩固近期治理成果的基础上，远期民勤县的地表水资源量是能够保证的。

3.2.4　地下水资源量

民勤县与地表水不重复的地下水资源量分石羊河重点治理区以内和治理区以外两部分统计。

石羊河重点治理区以内分为武威南盆地、民勤、金川–昌宁三部分，对应涉及环河、昌宁、红崖山三个灌区，根据《石羊河流域重点治理规划》评价成果，与地表水不重复的地下水资源量合计为0.37亿m^3，其中降水、凝结水补给量为0.12亿m^3，沙漠地区侧向流入量0.25亿m^3。

石羊河重点治理区以外为邓马营湖区，位于民勤与凉州交界处，是一个独立的湖积盆地，其中民勤境内为南湖灌区。根据原国家地质矿产部兰州水文地质工程地质中心1996年所做《甘肃省民勤县邓马营滩地农田供水水文地质详查报告》，邓马营湖区地下水天然资源量0.57亿m^3，可允许开采量0.4亿m^3，其中民勤境内0.29亿m^3。由此推算，民勤境内地下水天然资源量0.41亿m^3。

1. 水资源总量

民勤县水系分布如图3.15所示。综合地表水资源及地下水资源两项，近期民勤县水资源总量为3.38亿m^3，地表水资源2.6亿m^3，与地表水不重复的地下水资源量0.78亿m^3。远期《石羊河重点治理规划》治理任务完成后，2015年民勤县水资源总量达到3.68亿m^3，地表水资源2.9亿m^3，与地表水不重复的地下水资源量0.78亿m^3。

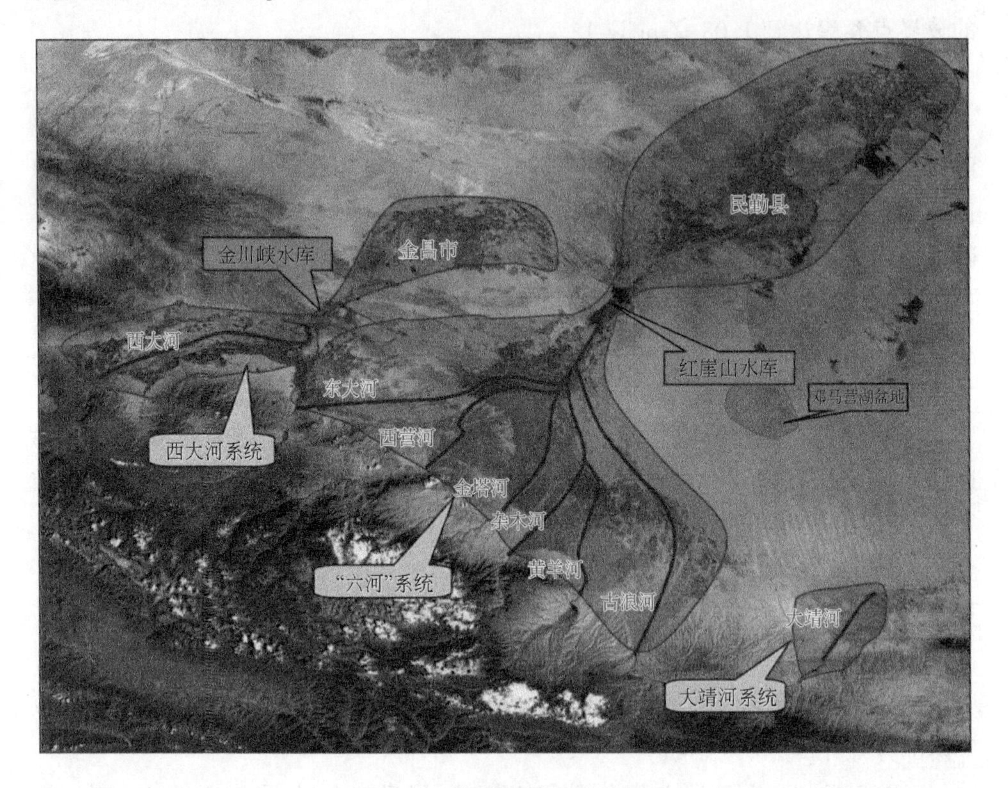

图3.15　民勤县水系分布图

2. 民勤县水资源可利用量

1）地表水可利用量

石羊河来水主要有三部分组成：一是石羊河河道的自然来水；二是景电二期延伸向民勤调水工程的调水；三是上游凉州区落实省政府分水方案给民勤的分水。依据甘肃省政府制定的石羊河分水方案，进入蔡旗断面的地表水量，到2012年要达到2.51亿m^3。自2006年《石羊河流域重点治理规划》实施以来，上游来水量总体呈逐年增加趋势，蔡旗断面过境水量依次达到：2006年1.79亿m^3、2007年2.188亿m^3、2008年1.499亿m^3、2009年1.706亿m^3、2011年2.617亿m^3。按照《石羊河流域重点治理规划》，到2011年，蔡旗断面过境水量应不少于2.5亿m^3，以此作为近期民勤绿洲水资源供需平衡分析地表水资源量的依据。

2）地下水可利用量

石羊河重点治理区以内：依据甘肃省政府制定的石羊河分水方案，民勤分年度地下水允许开采量为2006年5.67亿m^3、2007年5.01亿m^3、2008年4.05亿m^3、2009年3.31亿m^3、2011年1.22亿m^3。地下水开采量削减任务为2006年0.4亿m^3、2007年0.5亿m^3、2008年0.796亿m^3、2009年1.012亿m^3、2011年1.112亿m^3。按照《石羊河流域重点治理规划》，2011年，民勤县地下水允许开采量为1.22亿m^3，其中民勤盆地（红崖山灌区）0.89亿m^3，以此作为民勤绿洲水资源供需平衡分析地下水资源量的依据。

石羊河重点治理区以外：按照《甘肃省民勤县邓马营滩地农田供水水文地质详查报告》，民勤境内为南湖灌区地下水天然资源量0.41亿m^3，可允许开采量0.29亿m^3，以此作为邓马营湖区南湖灌区水资源供需平衡分析地下水资源量的依据。

3）民勤县水资源开发利用程度

目前，石羊河重点治理区以内民勤县所属灌区均已完成节水改造，全县用水基本控制到了3.51亿m^3，确定的近期规划目标已基本实现。民勤县2011年总用水量为3.51亿m^3（其中地表水2.29亿m^3、地下水1.22亿m^3）；近期水资源量为3.38亿m^3，水资源开发利用率104%。

石羊河重点治理区以外为南湖灌区，属纯井灌区，2012年地下水开采量为0.20亿m^3；水资源量为0.29亿m^3，水资源开发利用率68%。

3.2.5　水资源的利用现状

民勤县国民经济主要用水行业可以分为农业、林业、工业（包括乡镇企业）、城乡生活及禽畜饮水五类。近年来，各行业实际用水情况见表3.1。2002年，全县实际总用水量75875万m^3，其中农业用水量64010万m^3，占总用水量的85%；林业用水量8708万m^3，占11%；工业用水量677万m^3，只占1%；城乡生活用水量718万m^3，占1%；畜禽饮水量1672万m^3，占2%。2010年，全县总用水量有所减少，为35100万m^3，其中农业用水量31213万m^3，占总用水量的88%；林业用水量2036万m^3，占6%；工业用水量228万m^3，只占1%；城乡生活用水量675万m^3，占2%；畜禽饮水量948万m^3，占3%。由于民勤县以农业生产为主，大量的水资源用于绿洲的农田灌溉，所以，农业一直为当地主要的用水行业，同时将来仍是国民经济发展的主要支柱。民勤县的防护林，在阻止流沙向绿洲侵入方面起着极其重要的作用，所以林业用水量在民勤总用水量中占比较大。民勤县的工业及乡镇企业大部分集中在县城附近，且由于基础较为薄弱，所以它们的用水量不大，在总用水量中，工业用水量所占的比例很小。在民勤县总用水量中，城乡生活及禽畜饮水所占的比重也不高。但近些年，由于非农业人口增长的速度较快，在历年民勤县总水量和其他各行业用水总量减少的趋势下，城市居民的生活用水总量却略有增加，图 3. 16 和图 3. 17 分别展示了 2002 年和 2010 年民勤县各行业用水情况。

表 3. 1　民勤县各行业用水量统计表　　　　（单位：万 m³）

年份	农业用水量	林业用水量	工业用水量	城乡生活用水量		畜禽用水量	全县合计			可供水量
				城市生活用水量	农村生活用水量		合计	地表水量	地下水量	
2002	64010	8708	677	90	628	1672	75785	6100	69685	12500
2003	58272	10324	690	90	628	1902	71906	8100	63806	14500
2004	57840	11330	710	95	642	2123	74176	13700	60476	20100
2005	55539	9600	953	192	344	1927	68600	10100	58500	16500
2006	56200	8300	900	290	467	943	67100	13000	54100	19400
2007	52000	8900	900	292	502	1006	63600	14600	49000	21000
2008	48234	7486	317	278	857	428	57600	17900	39700	24300
2009	42708	9003	150	245	498	996	53600	20500	33100	26900
2010	31213	2036	228	200	475	948	35100	20716	14384	27116

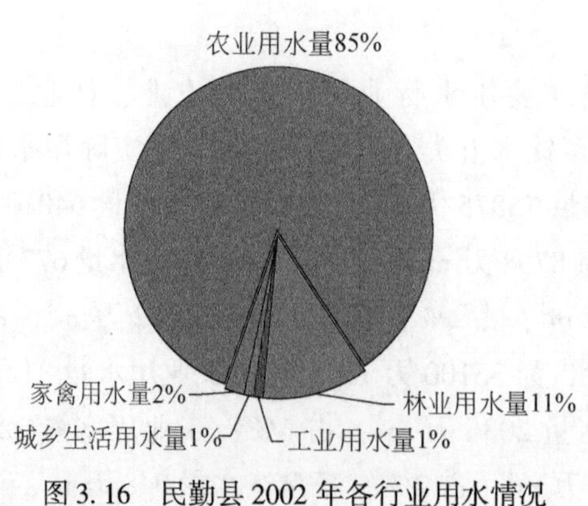

图 3. 16　民勤县 2002 年各行业用水情况

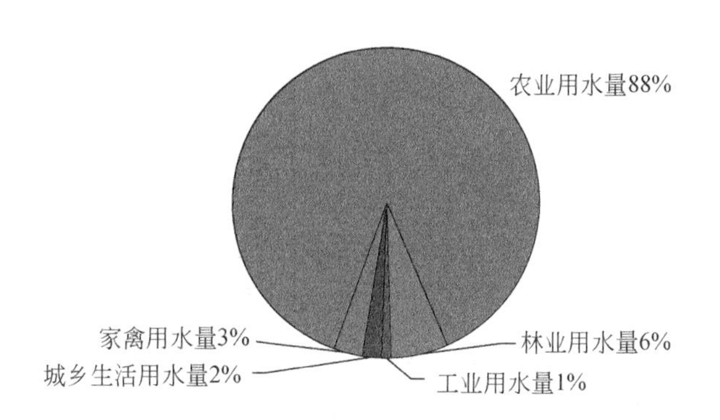

图 3.17　民勤县 2010 年各行业用水情况

近年来，在实际总用水量中，民勤县的地表水量所占的比例在逐年增多，所使用的地下水的比例在逐年减少。2002 年，全县可提供的水资源总量为 12500 万 m^3，水资源供需差为 62200 万 m^3；2010 年，全县可提供的水资源总量为 27116 万 m^3，水资源供需差为 7400 万 m^3。2007 年，全县开始实施《石羊河流域重点治理规划》，2010 年为石羊河流域重点治理规划近期目标年。2007 ~ 2010 年，全县水资源供需之差大幅度下降，地下水采补基本达到平衡（徐青霞，2011）。

3.2.6　民勤县土地资源状况

民勤县位于河西走廊东北部，石羊河流域下游，南邻武威市，西接金昌市，西、北、东三面被巴丹吉林和腾格里两大沙漠包围，总土地面积 15907km^2。境内沙漠戈壁和盐碱滩点 91%，农田绿洲占 9%。平均海拔 1367m。地势平坦，土层深厚，集中连片，不仅便于机械作业，而且有发展农、林、牧业的巨大潜力。民勤光热条件好，气候温和。年均降水量只有 113.0mm，年均气温 8.3℃，全年无霜期 210 天。

民勤县石羊河重点治理区以内共有耕地面积为 106.52 万亩，其中红崖山灌区 89.56 万亩，昌宁灌区 9.15 万亩，环河灌区 7.81 万亩；按照《石羊河流域重点治理规划》，到 2012 年全县压减配水面积 43.99 万亩，压减后保留面积 62.53 万亩，其中红崖山灌区 56.26 万亩，昌宁灌区 2.29 万亩，环河灌区 3.98 万亩。目前全县已实施高效节水灌溉面积 29.84 万亩，其中大田滴灌 27.05 万亩，温室滴灌 2.79 万亩。

石羊河重点治理区以外邓马营湖区为新开发区，位于民勤县南湖乡邓马营湖，居腾格里沙漠腹地，西北至民勤县、西南距武威市各 60km，是一个较完整的沙漠化盆地。行政区划大部分属民勤县，仅西南部属凉州区管辖。土地总面积 91.95 万亩，除大沙丘外总面积为 70 万亩左右，海拔 1460 ~ 1500m。土地以盐碱土为主（典型盐土和荒漠化盐土），四周有少量风沙、灰漠土。湖区重点治理开发区 51.49 万亩，其中宜农面积 30 万亩左右。宜农地中有 7 万亩左右为沙地，粉细沙较厚（40 ~ 100cm）土壤含盐量小，地表有数厘米的土层。另外 20 多万亩土头地分布在滩地内部，这类土地土质好，上部 40 ~ 60cm 为沙壤土，下部为轻黏壤土，土层厚度一般在 2.0m 以上。多年平均气温 9.4℃，日温差 15℃，年日照时数 3100 小时，年降水量 130 ~ 160mm，蒸发量 2063.5mm 左右，无霜期 150 天以上。

邓马营湖区目前处于开发初期，区域内有 20 万亩宜垦荒草地，土质较好。南湖灌区灌溉面积发展潜力很大，南湖灌区民勤县境内农田配水面积 4.37 万亩，灌溉方式为传统渠灌。

水资源主要包括大气水、地表水及地下水资源三大部分，而大气水是水资源的总补给来源。由于绝大多数天然植被都依靠地下水生长，只有少量的稀疏沙生植物靠天然降水存活，并且民勤地下水埋藏较深，所以，民勤县的大气降水，只能对县域的土壤起到补充水分作用，并不能补充地下水。因此，民勤绿洲水资源主要包括地表水和地下水资源，它们是民勤绿洲赖以生存的命脉（徐青霞，2011）。

近年来，在民勤县的实际总用水量中，地表水所占的比例在逐年增多，而地下水所占的比例却在逐年减少。全县水资源供需之差大幅度下降，地下水采补基本达到平衡（Wang et al.，2012）。

3.3 本研究应用数据说明

本研究收集了 1999 年 1 月 ~2013 年 12 月民勤县 88 个监测站点地下水埋深的数据集，该数据集由民勤县统计局和水务局提供。图 3.18 是民勤县地下水 88 个监测站点分布图。

3.3.1 研究区数据收集

为了完成本研究新模型的验证，选择具有监测完整数据的 51 个站点的地下

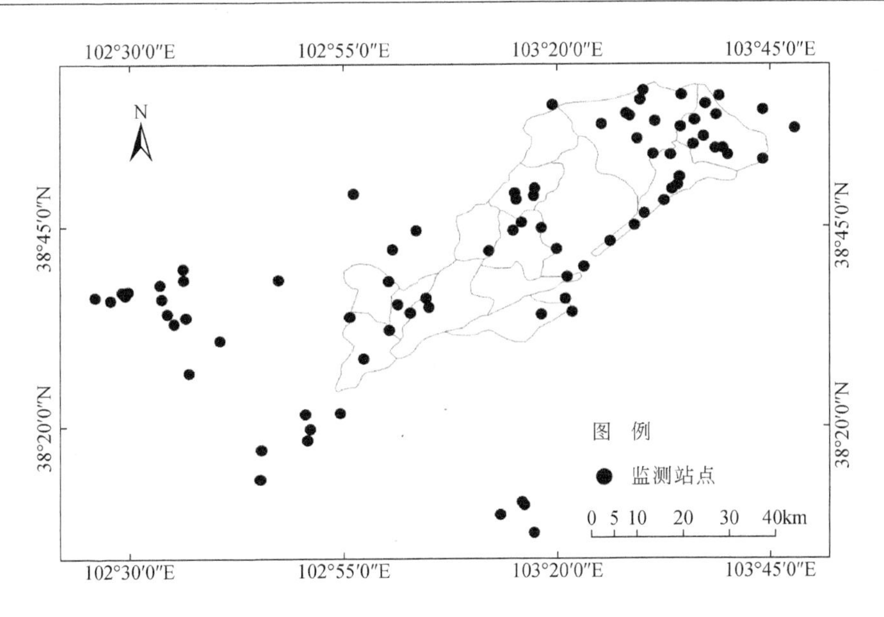

图 3.18　民勤县地下水 88 个监测站点分布

水埋深监测序列，如图 3.19 所示，其中每条序列有 180 个月度数据值。图 3.20 为所选择的 51 条完整的地下水埋深站点监测序列的三维图。原始的完整数据集可以放在一个 51×180 的矩阵中开展研究工作。

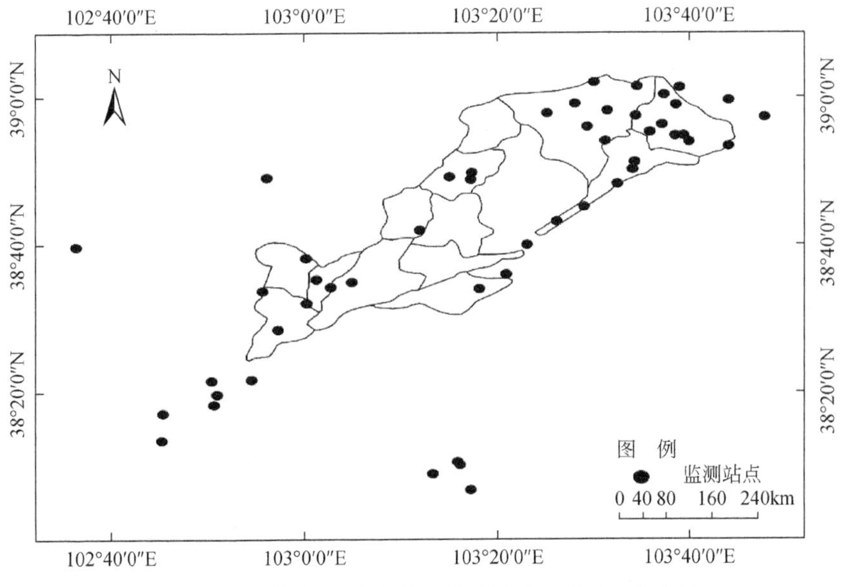

图 3.19　民勤县 51 个数据完整地下水监测站点分布图

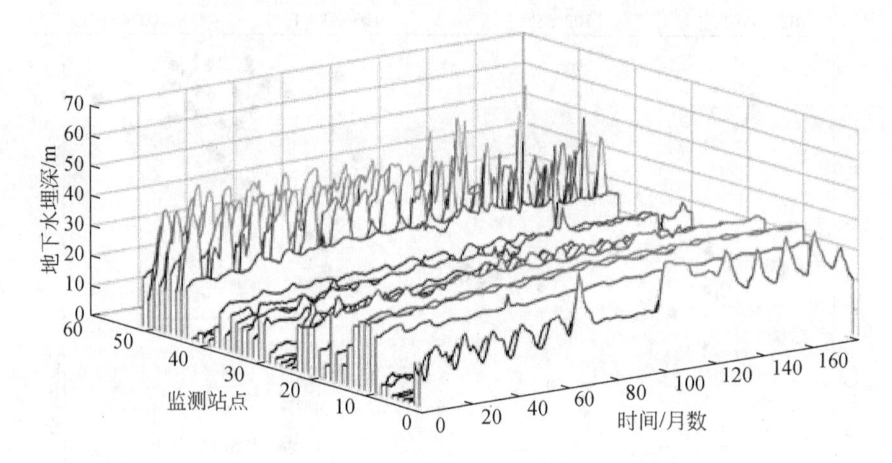

图 3.20　1999 年 1 月 ~2013 年 12 月民勤县原始的 51 条完整地下水埋深数据

3.3.2　数据概况分析

在民勤县地下水境内能充分覆盖研究区的 88 个监测站点 1999 年 1 月 ~2013 年 12 月的监测数据，其中仅有 51 个监测站点收集到的地下水埋深数据是完整的，而剩下的 37 个监测站点的地下水埋深数据含有缺失值，而且数据缺失类型多样。有缺失数据的 37 个监测站点分布如图 3.21 所示。为了简单明了地说明数据缺失情况，我们不仅计算了每条序列的缺失比率（10%~70%），而且将缺失数据分为以下四种。

（1）前几年的数据是完整的，所有的缺失数据都从一个给定的年份开始缺失。

（2）前几年的数据缺失，但后几年的数据是完整的。

（3）数据在开始几年和过去几年是完整的，但中间年份的数据有缺失。

（4）在每个有可能缺失数据的点数据有缺失情况，意味着这种类型的数据更复杂更难处理。

数据缺失的四种类型如图 3.22 所示。此外，不同序列数据缺失的数据量也不相同，有的序列缺失 10 个或 20 个数据，有的序列缺失 40 个或 50 个数据，而最坏的情况则有一半以上的数据缺失。其数据缺失率为 10%~70%。表 3.2 详细地列出了 37 条不完整序列的缺失情况，图 3.23 是 37 条不完整序列的数据集矩阵的热力图。

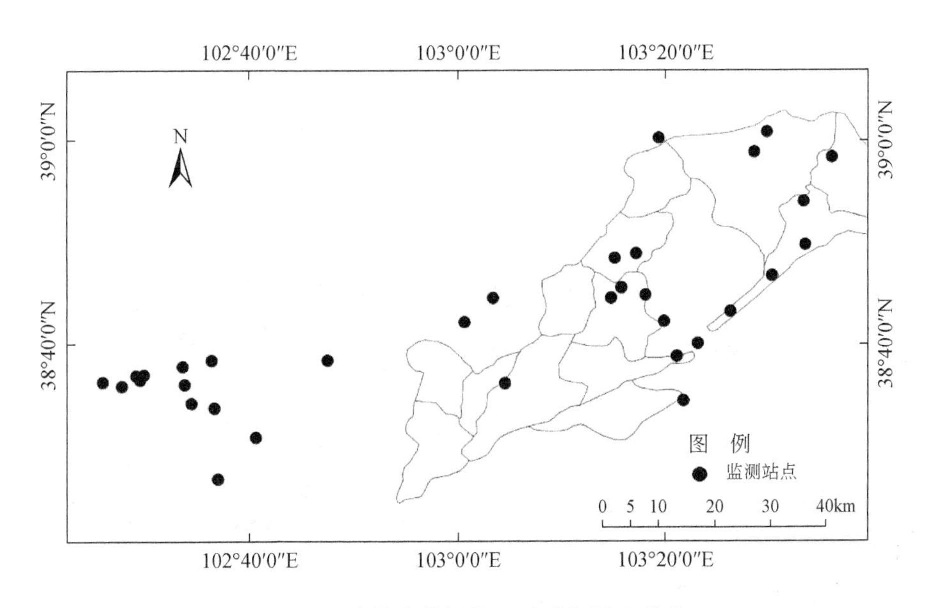

图 3.21　有缺失数据的 37 个监测站点分布

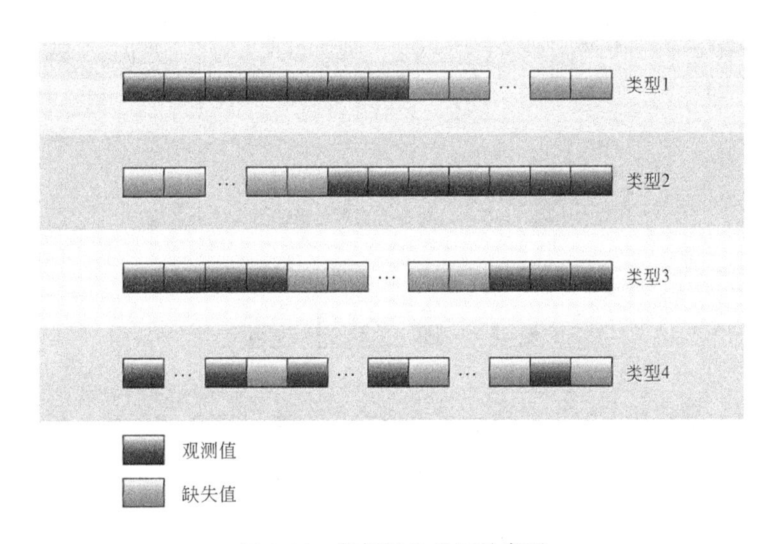

图 3.22　数据缺失的四种类型

表 3.2　民勤地下水埋深月度数据的缺失率

数据缺失率	站点数
[0，20]	7
[20%，40%)	11

续表

数据缺失率	站点数
[40%, 60%)	12
[60%, 100%]	7

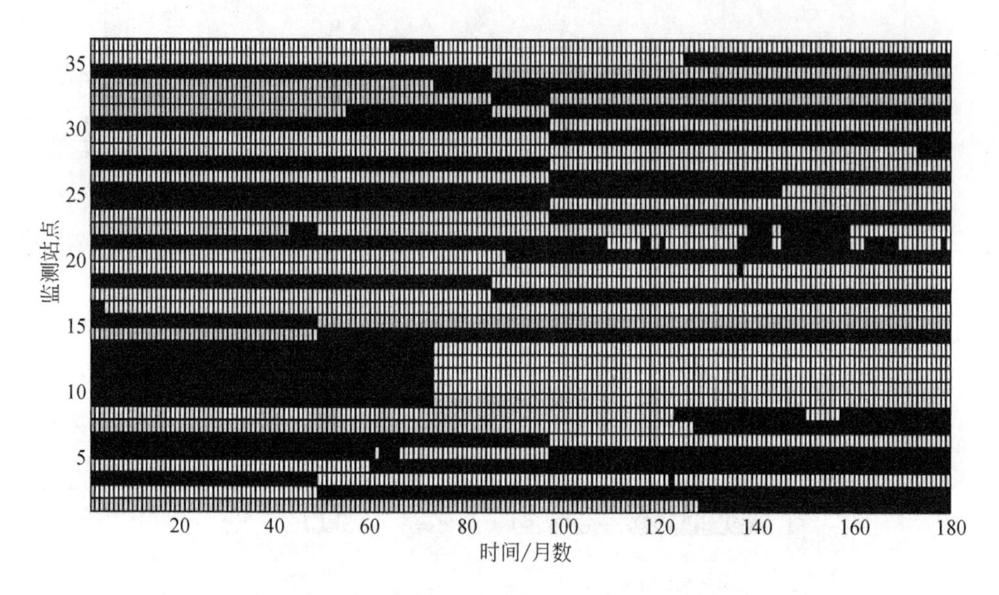

图 3.23 不完整序列的数据集矩阵的热力图

37 个站点为列，180 个月数为行；黑色标记的为缺失数据点

3.4 本章小结

为了了解民勤县地下水埋深的基本概况，本章主要介绍了研究区自然地理、水文气象、社会经济、生态及水资源的基本概况，并用图表的形式来展现研究获得的数据，尽可能地展示民勤县这些年各种因素变化的情况，并且重点说明了研究区获得的数据集及数据集自身的一些特点。

第 4 章　地下水埋深时空缺失数据修复

可靠的数据是分析建模的基础。复杂的水文地质条件与人类干扰的存在，会导致监测数据的缺失，得到残缺数据，损失很多有用信息。缺失数据修复成为重要而前沿的研究课题。随着大数据时代的到来，数据驱动的研究成为热点，数据的价值凸显，研究缺失数据修复，特别是大量具有地理时空信息的时空缺失数据的修复，显现出其特殊性和广泛性。

在大数据时代，数据成为重要的生产资料，研究建立时空缺失数据方法，建立高效、准确的缺失数据修复方法，是一个据有重要价值的研究课题。传统的时间序列缺失数据修复，对时空缺失数据的修复显现出严重不足。单一时间序列缺失数据修复，无法建立数据间的空间相关性和时空相关性，以致修复的精度较差。

本书针对时空序列的数据缺失问题，在考虑时空序列时间相关性的同时，充分考虑时空序列的空间相关性，以及时空综合影响；在观察时空序列分布图的基础上，将时空序列视为一个综合系统，基于时空序列取值虽然受很多随机因素的影响，但是在没有发生重大突变事件的情况下，系统会处于相对稳定的状态；同时时空序列之间会具有相对稳定的相似性，而且由于这种相似性的存在，时空序列整体呈现一定的类型。一个具有缺失数据的序列，它的缺失数据可以借鉴其他众多同类序列的信息并依据时空相关性进行建模修复。本书基于时空序列时空稳定性和相似性对时空缺失数据提出“物以类聚，分而治之”的修复策略。由于自组织特征映射网络较强的学习分类能力，对完整序列进行分类，建立类中心，运用 IID 方法对缺失序列进行归类，运用最小二乘支持向量机建立基于时空相关性的类中心时间域拟合模型。考虑到类中心序列概率分布的多样性及序列概率分布对模型参数分布的影响作用，运用普适性参数果蝇优化算法确定模型参数，构建时空缺失数据混合修复模型 SOM-FLSSVM（Zhang et al.，2017），用于研究区时空数据集的修复。

4.1 SOM-FLSSVM 模型的构建

在民勤绿洲地下水埋深时空预测研究中，得到民勤县境内能够覆盖研究区的88 个的监测站点，运用完整的 51 个站点的数据进行 SOM-FLSSVM 训练，然后用训练好的模型对研究区 37 个站点的缺失数据进行修复。

4.2 时空混合模型 SOM-FLSSVM 说明

时空混合预测模型 SOM-FLSSVM 包含了自组织特征映射网络分类、果蝇优化算法、最小二乘支持向量机、IID 理论。实验结果显示，本书提出的方法在插补长期的时空缺失数据时，较于其他插补方法具有较小的误差。

我们根据序列的相似性，先将完整的序列进行了 SOM 聚类，然后将每条不完整序列分为有值序列和缺失序列，按照相同的划分规则将每一类的类中心序列分为两部分，计算有值子序列与相同规则下类中心序列的欧氏距离，按欧氏距离的大小将不完整序列进行归类。然后选择最小二乘支持向量机分别对每一类的不完整序列进行插补；为了得到更好的插补效果，本书应用果蝇优化算法对模型进行优化，得到每一类最优的时空混合插补模型。

该模型不仅考虑了缺失数据监测站点的时间影响因素，而且还考虑了其空间影响因素，充分利用缺失数据监测站点相邻站点的所有信息进行数据的插补工作。实验证明，本书提出的时空预测混合模型，相较其他一些经典的数据插补模型，精度有很大的提高，也就是说，模型 SOM-FLSSVM 有更高的可信度。

4.2.1 SOM-FLSSVM 模型具体建模步骤

假设我们有一个完整的月度时空数据集，该数据集是一个 M 行 N 列的矩阵，并将其记为 X，其中 M 代表站点（空间位置），N 代表月份（时间点），N 同样也适合日、周、季度等数据类型。

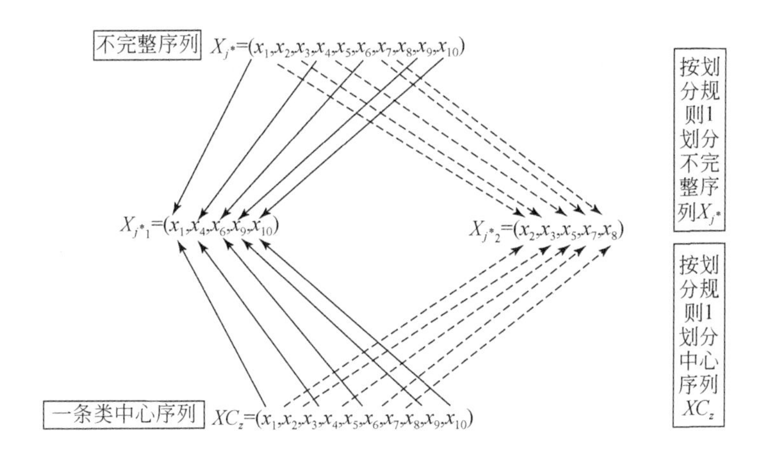

图 4.1　按照缺失序列对中心序列划分

设 x_{ij} 是第 i 个站点的第 j 月的观测值，其中 $i=1$，2，…，M，$j=1$，2，…，N，设 $x_{i^*j^*}$ 代表一个缺失值，我们称 i^* 为候选站点，j^* 为候选月。假设 x_{i^*} 为一个缺失序列，补全缺失序列步骤如下。

步骤 1：SOM 聚类。使用 SOM 神经网络对完整的序列进行聚类，分成 K 类并将每类分别记为 c_1，c_2，…，c_k，类中心序列记为 XC_1，XC_2，…，XC_k。

步骤 2：依据相似序列修补缺失值的思想，将有值缺失序列 X_{j^*} 根据序列数据有值无值状态划分为有值序子列 X_{j^*1} 和缺失子序列 X_{j^*2}，这种时间序列拆分规则称为有缺失时间序列拆分法则，图 4.1 以长度为 10 的有缺失序列 X_{j^*} 和类中心序列 XC_z 为例加以说明。

步骤 3：计算所有类别的类中心序列（Poloczek et al.，2014）。类中心定义如下，如果第 z 类中有 m 个站点，其每个站点序列记为（x_{11}，x_{12}，…，x_{1N}），（x_{21}，x_{22}，…，x_{2N}），…，（x_{m1}，x_{m2}，…，x_{mN}），使得 $\bar{x}_{zj}=\dfrac{x_{1j}+x_{2j}+\cdots+x_{mj}}{m}$（$j=1$，2，…，$N$）然后，第 z 类的类中心被定义为

$$XC_z=(\bar{x}_{z1},\ \bar{x}_{z2},\ \cdots,\ \bar{x}_{zN}) \tag{4.1}$$

然后，按缺失序列的拆分法则将所有的类中心序列分为两部分，第一部分为 x_{j^*1} 对应的子序列，被记为 XC_{z1}；第二部分为 X_{i^*2} 所对应的子序列，并记为 XC_{z2}，$z\in 1$，2，…，K。然后，计算 X_{i^*1} 与所有类中心序列 XC_{z1}（$z\in 1$，2，…，K）的欧氏距离，并记为 d_z；最后，找出最小的 d_z，那么序列 X_{i^*} 就属于第 z 类。此时，第 z 类中所有的序列将为缺失序列 X_{i^*} 的补全提供有用的信息，使第 z 类为候选

序列 X_{i*} 表示引用站点的序列集。

步骤4：将 XC_{z1} 和 X_{i*1} 作为训练集，XC_{z2} 和 X_{i*2} 作为测试集，简便起见，我们可以选择两参数的LSSVM模型来补全子序列 X_{i*2}。并且选择K-CV去验证训练集多参数的性能，当K-CV误差满足停止条件时，我们选择此时的参数集作为最优的参数，用以补全子序列 X_{i*2}。

在本书中，将平均绝对百分比误差（MAPE）定义为

$$\mathrm{MAPE} = \frac{1}{N}\sum_{i=1}^{N}\left|\frac{x_i - \hat{x}_i}{x_i}\right| \times 100\% \tag{4.2}$$

式中，x_i 为第 i 个真实值；$\hat{x}_i$ 为第 i 个补缺值。K-CV-MAPE是 K 次所有平均绝对百分比误差的平均值。其中，我们使用果蝇优化算法（FOA）来快速搜索多个参数，一旦确定了模型的最优参数，式（4.4）可用来补全为候选序列 X_{i*1} 的缺失值。

最小二乘支持向量机模型中的两个参数 σ 和 ν 进行果蝇优化，具体步骤如下。

步骤1：初始化各个参数。确定算法中最大迭代次数max gen，种群规模sizepop，随机产生果蝇初始位置 X_axis和 Y_axis都在区间［0，1］，设置搜索飞行的方向与距离区间。

步骤2：寻优开始。先令gen=0，这时随机产生了总群体的初始位置和飞行方向。

步骤3：开始计算。计算果蝇个体 i 搜索食物的飞行距离 X_i，Y_i，并计算距离 Dist_i；味道浓度的判定值 $1/\mathrm{Dist}_i$ 代入最小二乘支持向量机预测模型，依据预测结果计算并记录浓度判定函数 $\mathrm{Function}(S_i)$ 并将其作为适应度函数（即预测值与观测真实值平均绝对百分比误差，MAPE），定义如下公式：

$$\mathrm{MAPE} = \frac{1}{T}\sum_{t=1}^{T}\left|\frac{x_t - \hat{x}_t}{x_t}\right| \times 100\% \tag{4.3}$$

步骤4：子代的产生。按照果蝇算法步骤2～4产生子代，将子代用于最小二乘支持向量机进行预测，这样重新计算出味道浓度判定函数值，令gen=gen+1。

步骤5：停止计算。当gen=max gen时，寻优停止，得到最小的适应度函数值，即最佳的味道浓度判定值 S_i 已被获得，最小二乘支持向量机的两个最佳参数 σ 和 γ 也得到了；即获得最佳的预测模型：

$$f(x) = \sum_{i=1}^{N} a_i k(x_i,\ x) + b \tag{4.4}$$

步骤6：如gen未达到算法中设置的最大迭代次数，则返回步骤2。图4.2为

果蝇优化 LSSVM 流程图。

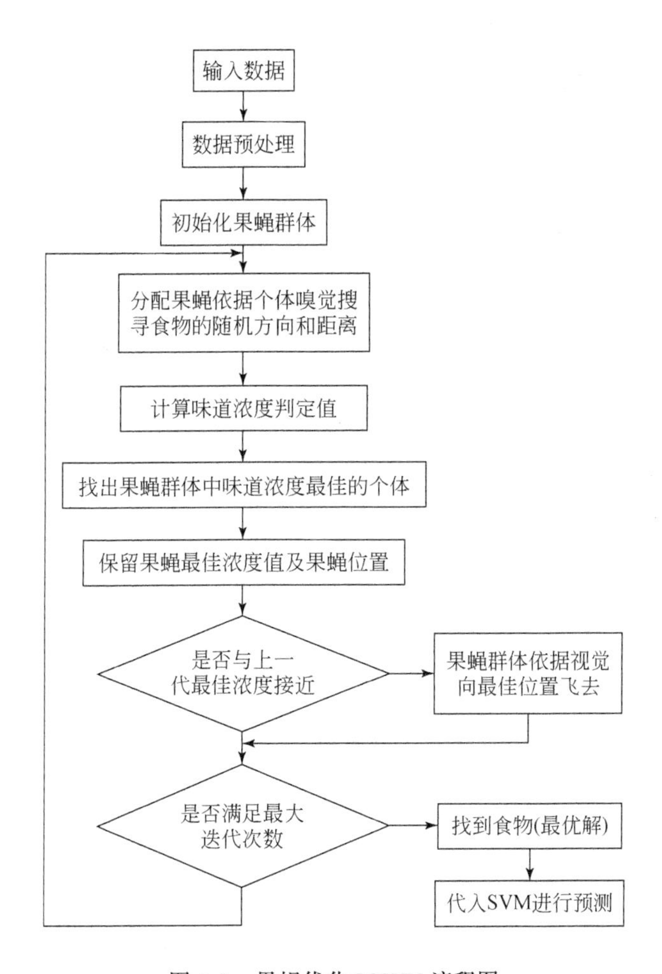

图 4.2　果蝇优化 LSSVM 流程图

4.2.2　SOM-FLSSVM 模型建模示意图

LSSVM 模型运用了一种时空关系。在训练集中，我们通过训练和测试寻找最优参数来更好地接近这种关系。在预测集中，我们可以用训练好的 LSSVM 模型补全缺失值。图 4.3 为时空缺失数据 SOM-FLSSVM 插补的具体操作过程。

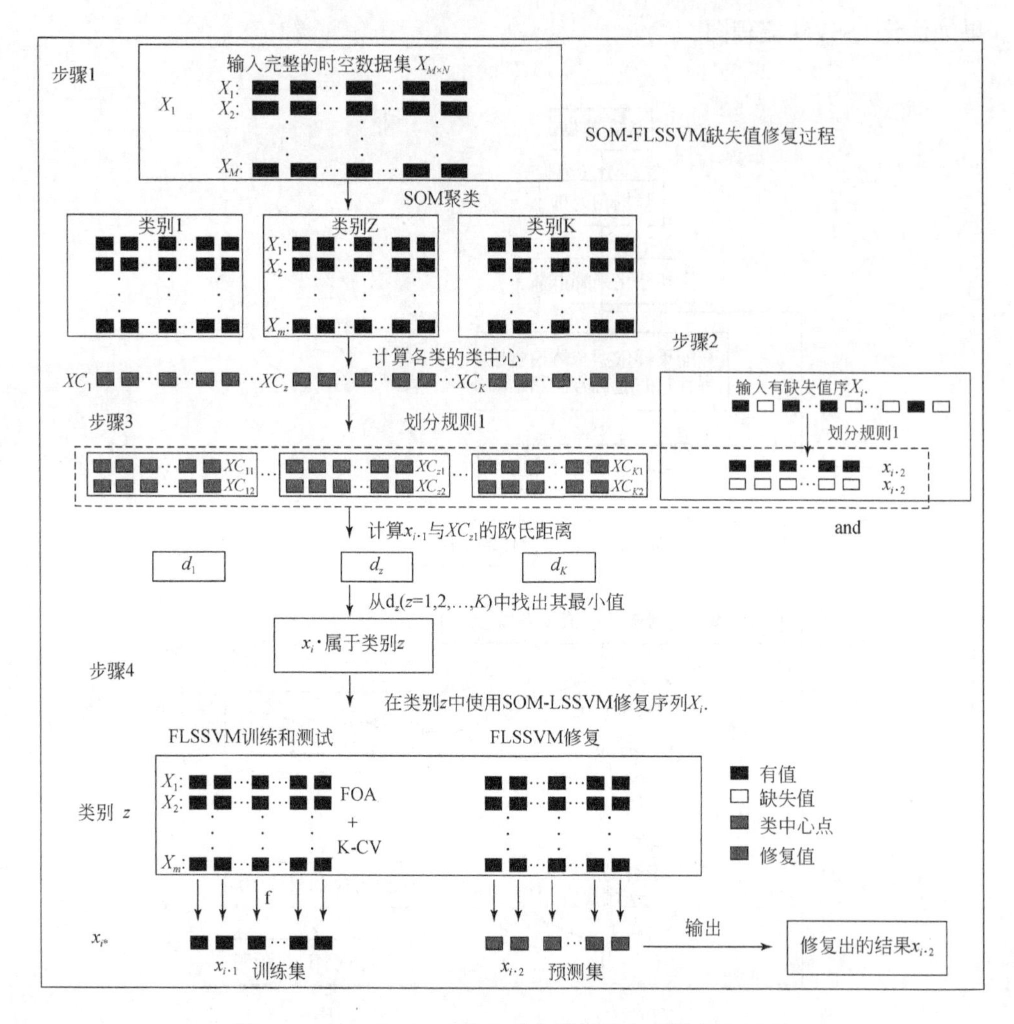

图 4.3　SOM-FLSSVM 补全时空数据缺失值的所有过程

4.3　民勤地下水埋深时空缺失数据修补

本节通过运用民勤绿洲地下水埋深的数据集，验证在时空数据集中时空混合模型 SOM-FLSSVM 的插值效果，并结合几种传统的插值模型（张仲荣等，2016），来说明该模型在民勤绿洲地下水埋深问题中的优越性。随机地选择几条有缺失数据的序列，运用交叉验证估计出模型的参数；用果蝇优化算法（FOA）优化所估计的参数；选择最优的模型对这几条序列进行修复，根据修复的结果来说明该方法的合理性。对传统的插值方法 KNN 和 CUTOFF 在训练集上，同样应用 CV 方法进行参数寻优，得到最优的插值模型。从51 条完整的序列中随机地选择一条序列，完全按照不同的数据缺失类型进行序列的分解，然后选择最优的模型 SOM-FLSSVM、KNN、CUTOFF 和均值插值模型对该分解的不同类型序列进行插值，实验比较不同模型插值精度。

4.3.1　研究区序列的归类及类中心序列计算

本节首先对研究区数据集中的51 条完整序列进行 SOM 聚类，然后按照数据类型将这些序列分成了四类，最后计算出每类的中心序列。

图4.4 是民勤县1999 年1 月～2013 年12 月51 个完整的原始数据集；图4.5 是用 SOM 聚类将研究区 51 个完整的地下水埋深时空数据分成四类，图4.5 即51 条完整的数据集通过 SOM 聚类的结果；图4.6 是每一类的类中心序列。

由图4.4 可以看出，研究区 51 条完整的地下水埋深序列隐含了一些重要的信息。非线性特征和其他复杂因素，在民勤地下水埋深序列中明显地体现了出来，使得不同站点的地下水埋深出现显著的差异，为解决这一问题提出了聚类的思想，图4.5 即 SOM 聚类后的结果。由图4.6 可以看到，每一类都有唯一的类中心序列，这就证明在民勤地下水埋深的研究中 SOM 聚类是非常有必要的。

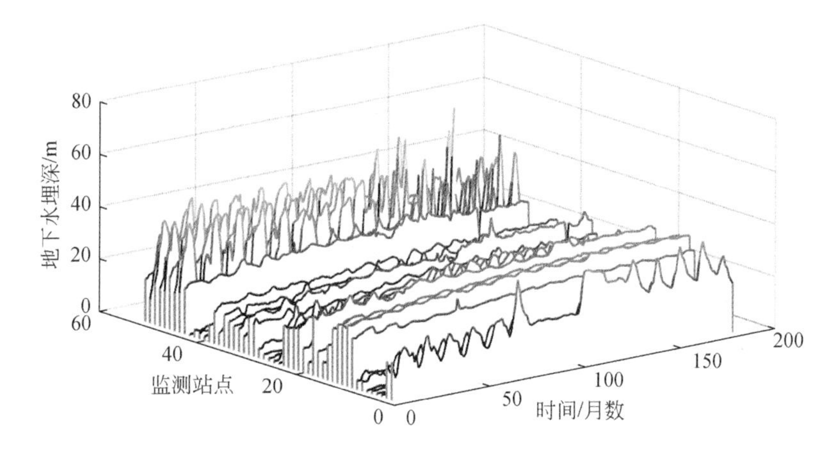

图4.4　51 条完整的序列

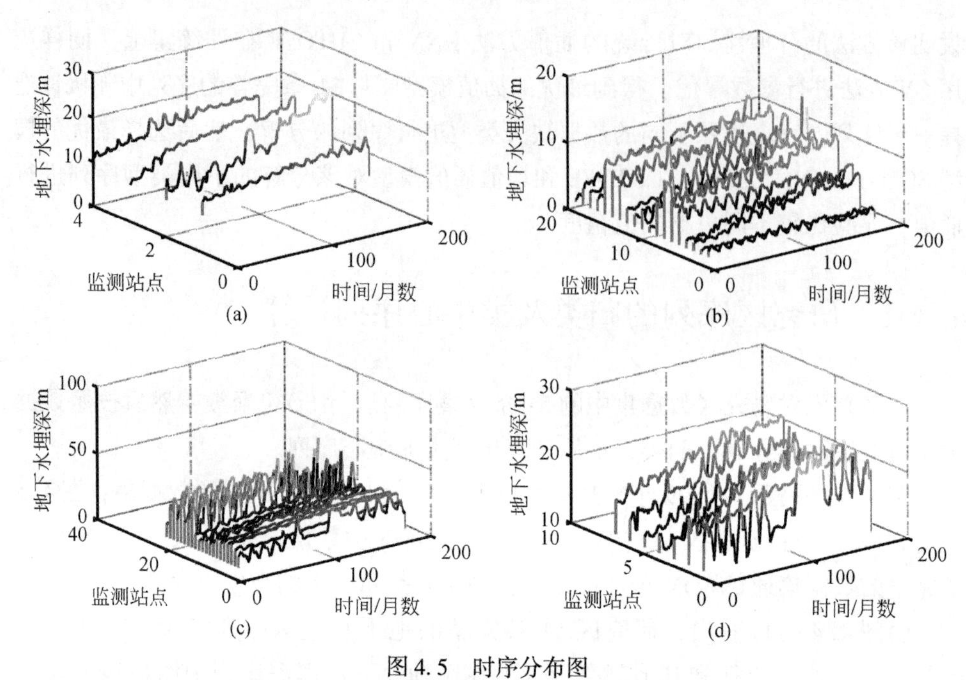

图 4.5　时序分布图

(a), (b), (c), (d) 分别为类别一、二、三和四的序列分布图

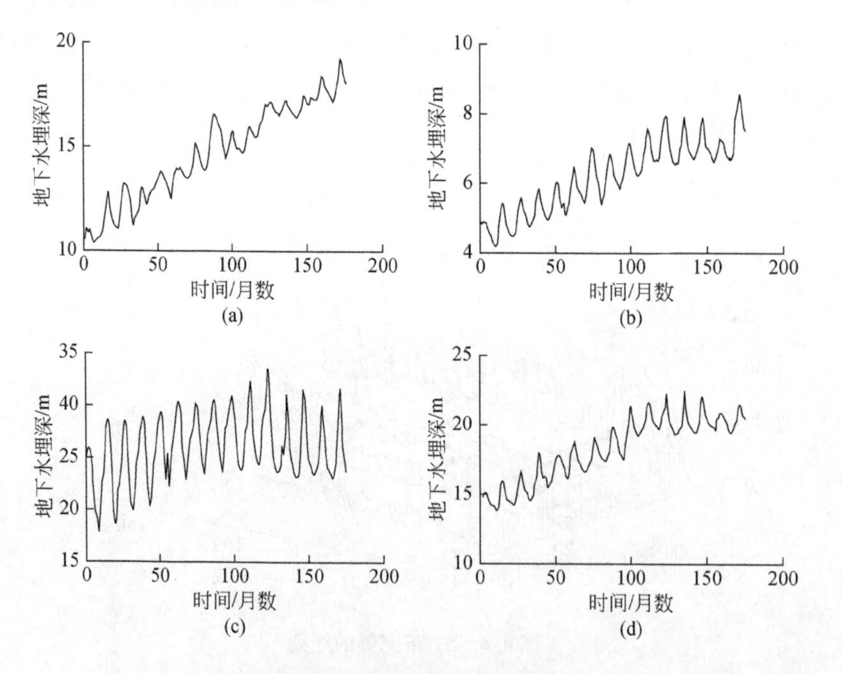

图 4.6　类中心序列时序图

(a), (b), (c), (d) 分别为类别一、二、三和四的类中心序列时序图

4.3.2　SOM-FLSSVM模型插值

我们随机地选择了三个有缺失值的站点，分别命名为ms1，ms2和ms3，运用时空混合模型SOM-FLSSVM修补这三个站点的缺失值。在训练集中，应用10-CV估计参数，同时将CV-MAPE（平均绝对百分比误差）作为特定的评价标准。图4.7展示出了用SOM方法对这三个站点缺失值数据插补的结果及FOA参数优化过称。其中，图4.7（a）、（c）、（e）说明，对于不完整序列，插补后的序列值与未缺失的序列值非常相似，这样的结果是合乎情理的，可以说明我们插补的值是自然的。为验证各个模型的插补精度，在接下来的实验中，我们将从完整的序列中选择一条序列，随机地将其变为缺失率为0.1~0.8，然后，用相应的模型进行数据插补，最后，用插补后的数据与其真实值计算的模型精度，及与其他模型做精度对比。

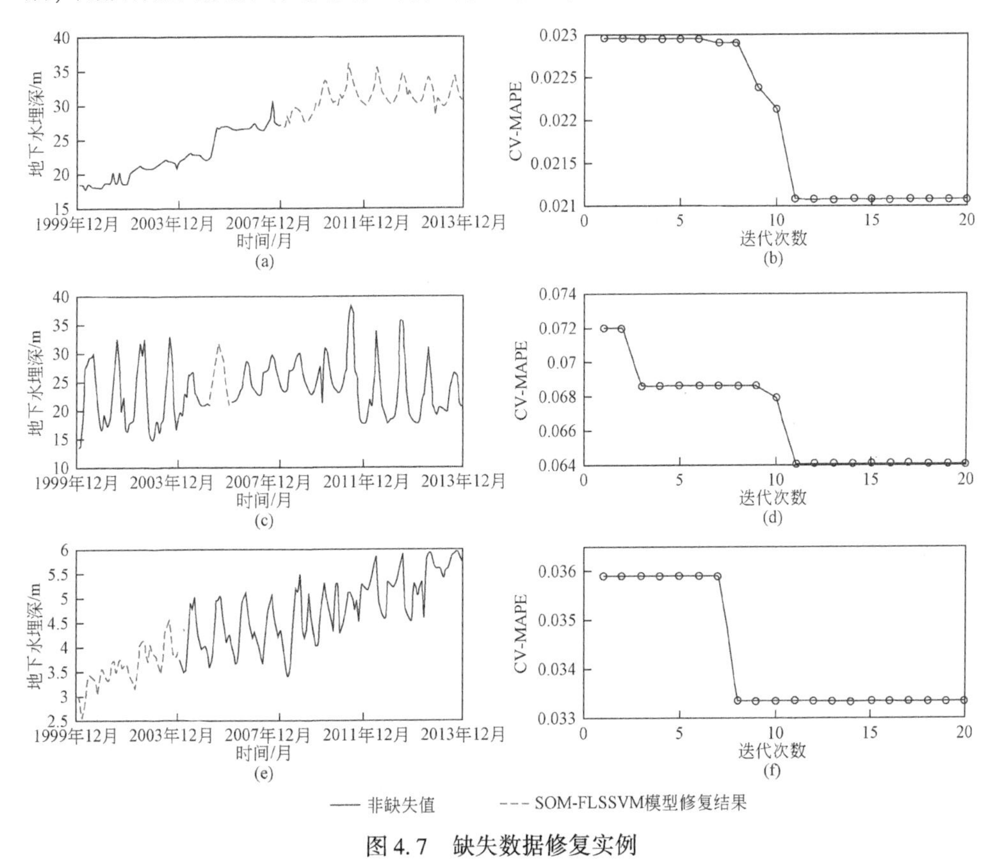

图4.7　缺失数据修复实例

（a）、（c）、（e）的红色部分为运用SOM-FLSSVM方法对ms1，ms2和ms3三个站点缺失值插值的结果；（b）、（d）、（f）为对应的插值参数寻优过程

4.4　对比模型

本节简单介绍均值补缺、KNN 和 CUTOFF 数据插补方法。

均值插补是一种非参数统计方法，也是一种经典的数据插补方法。它的主要思想是用各个变量的均值来替代缺失值。均值插补的方法可表示如下：

$$\hat{x}_t = \frac{1}{n}\sum_{i=1}^{n} x_i \tag{4.5}$$

式中，$\hat{x}_t$ 为 t 时刻有缺失值位置的插补结果；x_i 为第 i 个位置的观测值；n 为观测值个数。均值填补的主要特点是计算操作简便，能有效地节约时间和资源，对均值和总量这样的单变量参数可以有效地降低其点估计的偏差，在过去的时间里一度被广泛应用于各个邻域。但此方法也有比较突出的弱点，均值插补仅仅适用于简单的点估计的情形，不适合用于需要方差估计等较为复杂的情境。

KNN 插值法也称为 k 最近邻算法，是基于相邻最近值的分类或回归的一种非参数统计修复方法，这种方法应用最邻近的站点来提供数据插补，Feng 等（2014）对它进行了很好的研究并被广泛地用于数据的插补。k 最近邻算法对时空数据的插值的主要思想，是运用 k 最近相邻值的平均值来替代缺失值，也就是说其权重都是相等的。另外，一些不同的 KNN 算法对相邻的站点给予不同的权重，一般来说，权重的大小对于缺失的站点依赖于相邻站点的距离。欧氏距离作为一种最常用的距离计算方法，在这里同样适用。

在本书中，我们对相邻的站点选择相同的权重，因为这样不仅容易实现，而且，还可以节约相应的资源。图 4.8 是在时间截面上 KNN 方法插补的过程。

4.4.1　CUTOFF 详细介绍

CUTOFF 插值方法是 2014 年提出的用于时空数据集插补缺失数据方法。该方法用于缺失值估计的主要思想是基于空间最近相邻同时期的观测值相似性。估计缺失值的主要方法是基于一个方程来计算一个特殊的参数值，相关内容在 Affandi 和 Watanabe（2007）的研究中有详细的介绍。具体操作如图 4.9 所示。

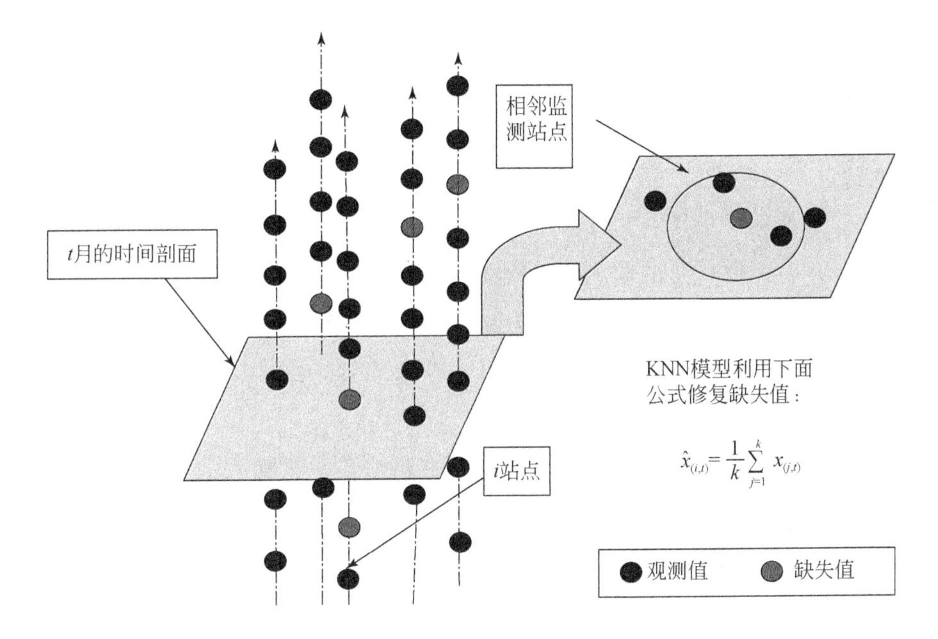

图4.8　在时间截面上KNN方法插补过程

$\hat{x}_{i,t}$表示t月站点的修复值；$\hat{x}_{j,t}$表示t月站点的观测值；k表示与站点相邻的站点数

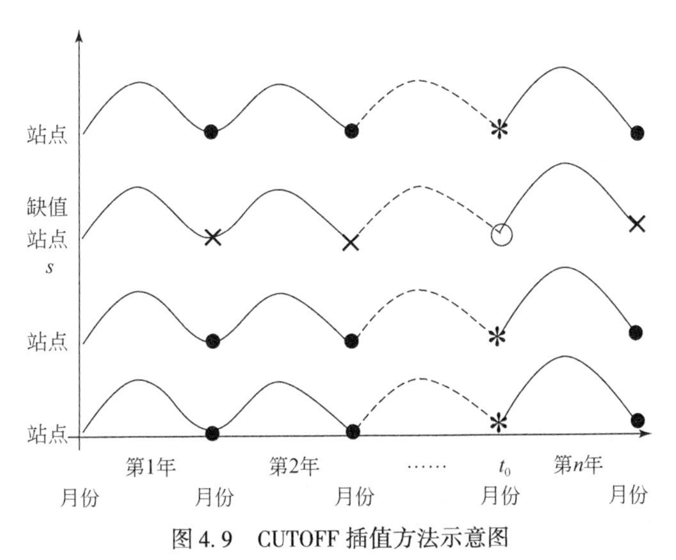

图4.9　CUTOFF插值方法示意图

○表示缺失值点；✻表示t_0时刻相关站点同期值；✕表示s站t_0时刻不同年份同期值；

●表示s站及t_0时刻相关站点不同年份同期值

该插补方法扩展了SAA、SBE和NR的思想，延伸了比率方程的思想应用空间和时间信息插补缺失数据。为了实现这个过程，首先确定缺失值的空间邻域，然后确定这些空间领域中临近的时间。为了描述这个过程，假设有一个不完整的时空数据集储存在一个 $m \times n$ 的矩阵 X 中，其中 m 表示月度时间（时间点），n 表示监测站点（空间点）。

令 $x_{(i,j),k}$ 为第 k（其中 $k=1, \cdots, n$）个站点第 j（其中 $j=1, \cdots, w$）年第 i（其中 $i=1, \cdots, 12$）月的监测值，同时假设 $x_{(i^*,j^*),k^*}$ 是一个缺失值，我们称 i^* 为候选月，j^* 为候选年，k^* 为候选站点，通过以下步骤来修复缺失值。

步骤1：为简单起见，在一个矩阵中我们选择了一个CUTOFF值修复所有的缺失值。记 L_{k^*} 为候选站点相关的站点。

步骤2：$J_{i,k}$ 记为 k 站点和 i 月在相关年未缺失值，排除 j^*。$\bar{R}$ 表示排除第 j^* 年所有相关站点候选月所有对应的平均，$\bar{C}$ 为候选站点在第 i^* 月所有对应值的平均，R 为所有相关站点在 j^* 年 i^* 月所有对应的平均，即

$$\bar{R} = \frac{\sum_{k \in L_{k^*}} \sum_{j \in J_{i^*,k}} x_{(i^*,j),k}}{\sum_{k \in L_{k^*}} |J_{i^*,k}|}$$

$$\bar{C} = \frac{\sum_{j \in J_{i^*,k^*}} x_{(i^*,j),k^*}}{|J_{i^*,k^*}|}$$

$$R = \frac{\sum_{k \in L_{k^*}} x_{(i^*,j^*),k}}{|L_{k^*}|}$$

步骤3：$\hat{x}$ 为缺失值 $x_{(i^*,j^*),k^*}$ 的插补结果，计算方法如下。

$$\hat{x}/\bar{C} = R/\bar{R}$$

即

$$\hat{x} = R(\bar{C}/\bar{R})$$

其中，由于CUTOFF值过大，候选站点 k^* 在无索引站点中可能找不到相关站点，在这种情况下选择高度相关的站点作为其索引站点；如果在索引站点中的候选月和年数据缺失，就不能计算出 R。

如图4.9所示，假设四条序列作为一个时空索引，○为数值缺失点，∗为 t_0 时刻相关站点同期值；×为 s 站 t_0 时刻不同年份同期值；●为 s 站及 t_0 时刻相关站点不同年份同期值。计算方法即可表示为

$$\hat{x}/\ast\text{的均值} = \times\text{的均值}/\bullet\text{的均值}$$

那么缺失值的插补结果可以表示为

$$插补结果\ \hat{x}=*的均值（\times的均值/\bullet的均值）$$

有两种情况不能完成插补工作：①整个站点数据缺失；②如果每一个站点在一个确定的月份数据缺失，这种情况下要在数据集中分别移除所有的站点或者月度。

对于相邻候选站点没有足够高的相关性的站点，或者具有很弱的时间上的相关性，在这种情况下 CUTOFF 法做出的结果较差。

方法需要我们来取一个阈值参数（CUTOFF 值），Racine（1993）引用 CV 方法优化了参数，并且其他选项也用于 CUTOFF 方法，不同的选项能描述各种插补方法，在本书中我们应用一个标准的 CUTOFF 修复法作为比较方法。

4.4.2　对比模型的参数寻优

我们将选用三种插补效果比较好的研究方法与提出的 SOM-FLSSVM 方法进行实验结果的比较。由于模型的性能是由一些重要参数所决定的，所以这些模型的相关参数都需要进行估计与寻优。CUTOFF 方法需要估计阈值参数（CUTOFF 值）；KNN 方法需要估计最近相邻的数 k；我们设置多个缺失比率并使用 CV（交叉验证）算法搜索最优的 CUTOFF 值和 k 值。

图 4.10 显示了不同的 CUTOFF 值对 CV-MAPE（CV 平均绝对百分比误差）值的影响。在这个数据集中，我们发现 CV-MAPE 值最小时 CUTOFF 值是 0.83，

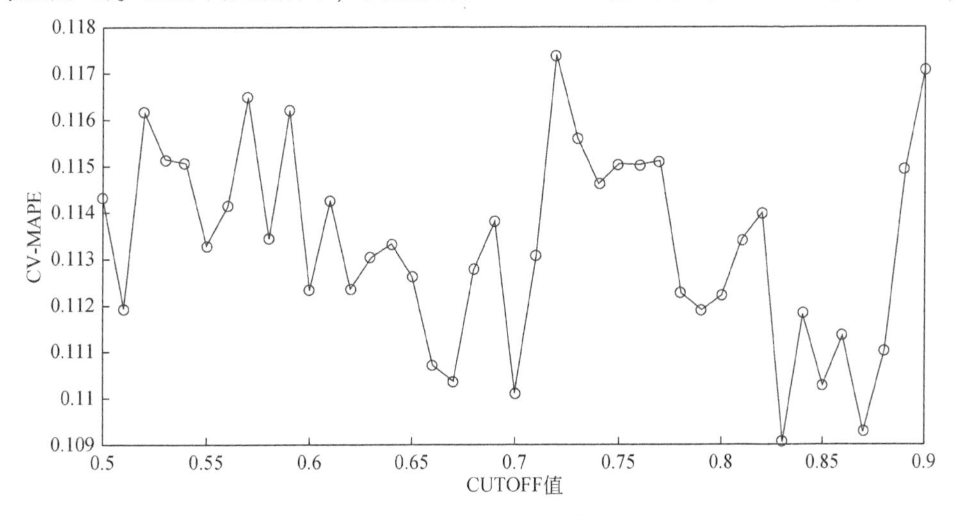

图 4.10　为寻找最优 CUTOFF 值的交叉验证结果

故此时得到了最优参数。图 4.11 显示了不同的参数 k 是如何影响缺失率从 0.1 至 0.8 序列的 CV-MAPE 值，而且发现 k 值几乎为 1 或 2 以下时，不同缺失率序列的 CV-MAPE 值最小。这说明了距离相距较近的站点可以为缺失数据提供更有用的信息。由于 MEAN（均值）插补不涉及参数，所以这里不进行参数寻优。

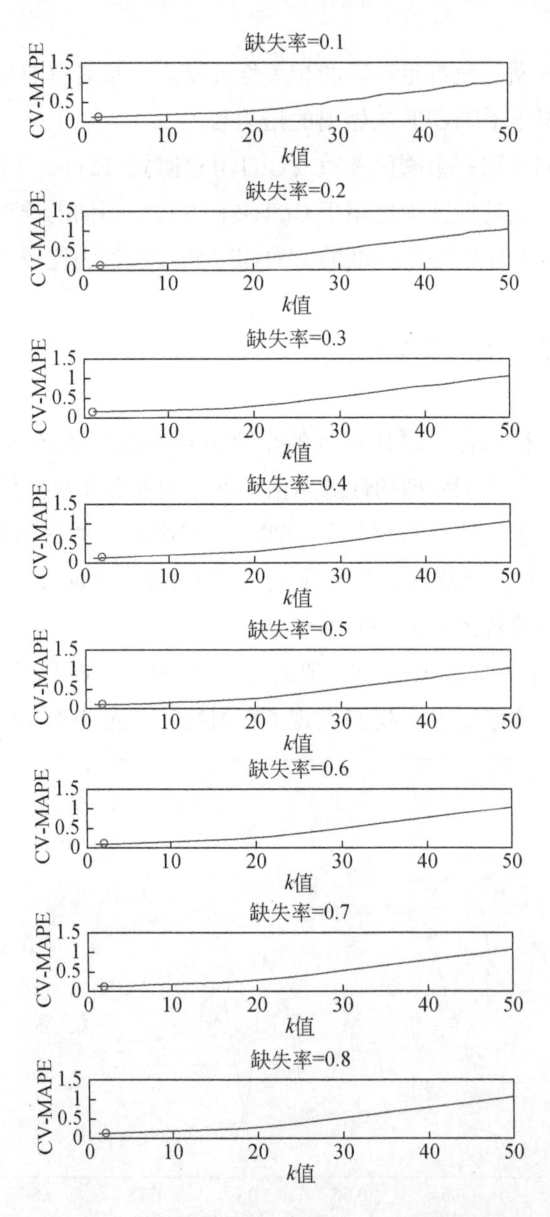

图 4.11　KNN 方法缺失率从 0.1 到 0.8 寻找最优的 k 值结果

4.4.3　实验结果的比较

我们运用 CV-MAPE 来客观地评价模型的性能。对每一种缺失率，按顺序对一条序列随机地获取一些缺失值达到相应的比率，剩下的序列作为一个完整的矩阵 $X_{50\times180}$对缺失值的插补提供信息，并计算插补误差（MAPE）。当完成这个步骤，将获得一个插补误差序列，然后求出所有插补误差的平均值，并记为 CV-MAPE。表 4.1 列出了在不同缺失率下，对 SOM-FLSSVM 方法应用交叉验证后的均值与其他三种传统方法的均值。图 4.12 以一个缺失数据修复实例可视化展示了运用 SOM-FLSSVM 模型复时空缺失数据的流程。

表 4.1　在各种缺失率情况下 SOM-FLSSVM 方法 CV-MAPE 的均值与其他三种方法比

	缺失率	0.1	0.2	0.3	0.4	0.5	0.6	0.7	0.8	均值
CV-MAPE	SOM-FLSSVM	**4.64**	**4.79**	**5.18**	**5.61**	**5.74**	**5.84**	**6.17**	**6.81**	**5.60**
	CUTOFF	9.86	10.91	10.52	10.74	10.58	11.50	11.57	8.91	10.69
	KNN	10.96	10.64	11.72	11.00	10.88	11.01	11.21	11.54	11.12
	Mean Imputation	18.41	18.61	18.89	18.50	18.40	18.90	19.00	18.80	18.69
Std	SOM-FLSSVM	**3.05**	**3.29**	**3.55**	**3.79**	**3.88**	**3.75**	**3.90**	**4.44**	**3.71**
	CUTOFF	9.07	10.23	8.64	8.87	7.76	8.64	10.79	10.59	9.32
	KNN	7.49	6.76	7.45	7.20	6.80	7.35	7.12	7.87	7.26
	Mean Imputation	11.83	12.32	12.93	12.21	11.96	12.93	13.31	12.64	12.52
Min	SOM-FLSSVM	**0.54**	**0.70**	**0.79**	**0.84**	**0.84**	**0.78**	**0.84**	**0.92**	**0.78**
	CUTOFF	1.39	2.41	2.29	2.92	2.39	3.18	0.00	0.00	2.43
	KNN	0.73	0.93	3.02	1.07	0.97	0.92	0.93	2.24	1.35
	Mean Imputation	5.04	5.76	4.87	5.87	5.73	5.92	5.64	5.97	5.60
Max	SOM-FLSSVM	**13.12**	**13.54**	**14.39**	**14.45**	**16.69**	**13.92**	**14.83**	**17.94**	**14.86**
	CUTOFF	47.59	61.46	52.47	51.74	46.71	51.74	68.62	60.31	55.08
	KNN	36.38	36.15	30.46	37.48	36.78	38.38	37.63	38.27	36.44
	Mean Imputation	56.30	54.92	67.62	65.61	57.52	65.44	67.29	66.03	62.59

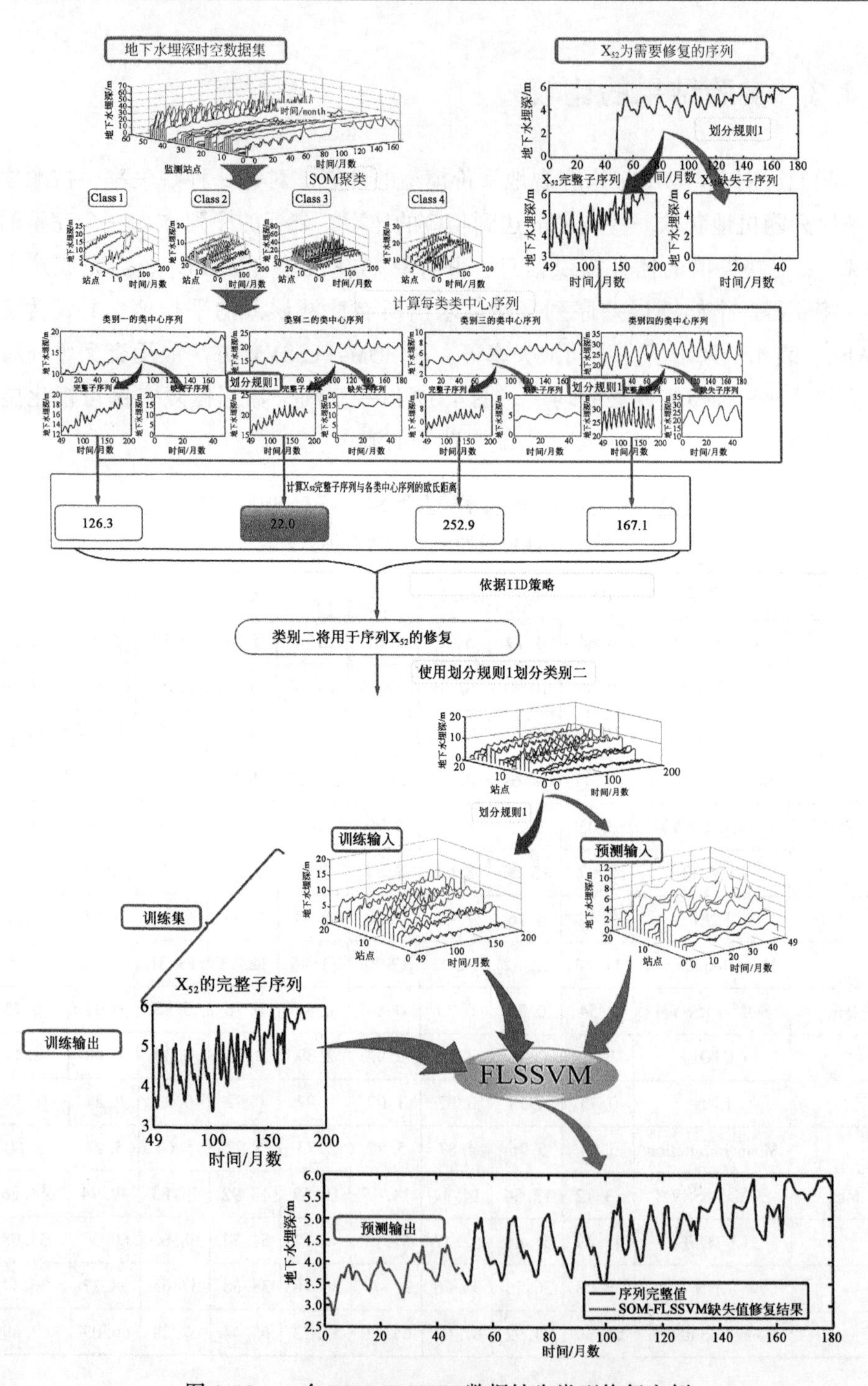

图 4.12　一个 SOM-FLSSVM 数据缺失类型修复实例

在所有缺失率下，SOM-FLLSVM 输出的 CV-MAPE 范围是 0.54%～17.9%，而 CUTOFF、KNN 及 Mean Imputation 输出的 CV-MAPE 范围分别是 1.39%～68.62%、0.73%～38.38% 及 4.87%～67.62%。

表 4.1 对不同缺失率下的 CV-MAPE 均值进行了分析。在对所有的缺失比率实验模拟中，显示出以前的修复方法都比简单的 Mean Imputation 方法效果好。图 4.13 显示出 CUTOFF 和 KNN 插值效果达到同样的水平，但相比而言，KNN 插值比 CUTOFF 要稳定且 CV-MEAN 也比较小。

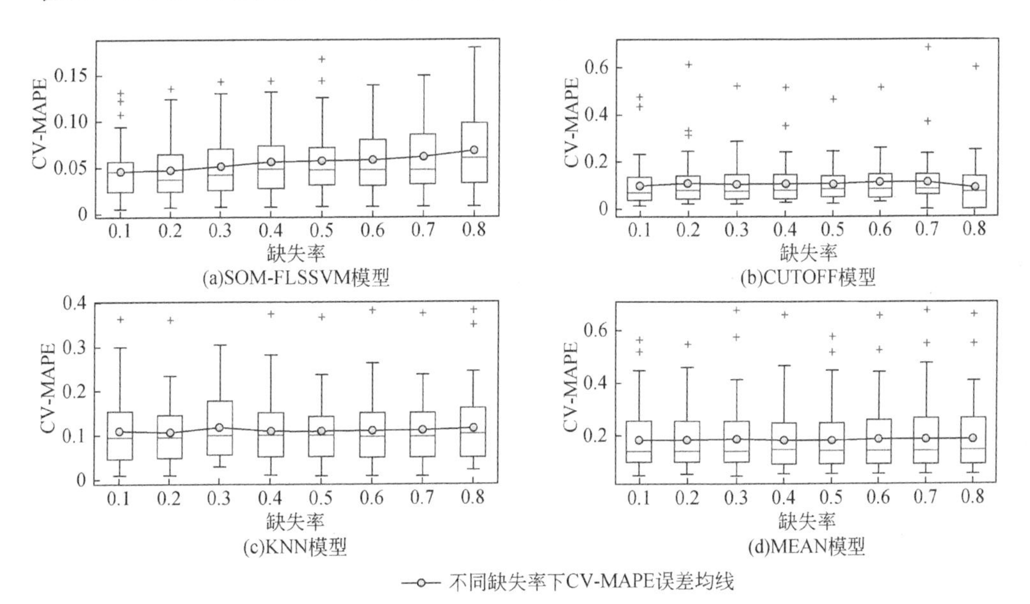

图 4.13　四种缺失数据插补方法在缺失率 0.1 至 0.8 插补结果（51 个 CV 误差）的箱线图

对于 CUTOFF 插值而言，如果缺失率处于较低的水平（0.1～0.5），那么其插值性能看起来比较强。然而，对 CUTOFF、KNN 和 SOM-FLSSVM 进行综合的比较分析，发现 SOM-FLSSVM 方法的平均插值水平要显著地强于其他两种方法，并且 SOM-FLSSVM 达到了 5.60%，是一个非常低的误差水平，而 CUTOFF 和 KNN 分别为 11.27% 和 11.05%。

为了更清楚地展示 SOM-FLSSVM 方法插补结果，我们分别从监测站点 7、16、26 和 35 随机地选出 10% 的点作为插补结果的实例。图 4.14 为插补结果，很明显插补值和原始值非常接近，这样也可以表明，SOM-FLSSVM 插补方法能够成功用于这些实例。

从以上整体分析来看，相比 CUTOFF、KNN 和 MEAN 插值方法 SOM-FLSSVM

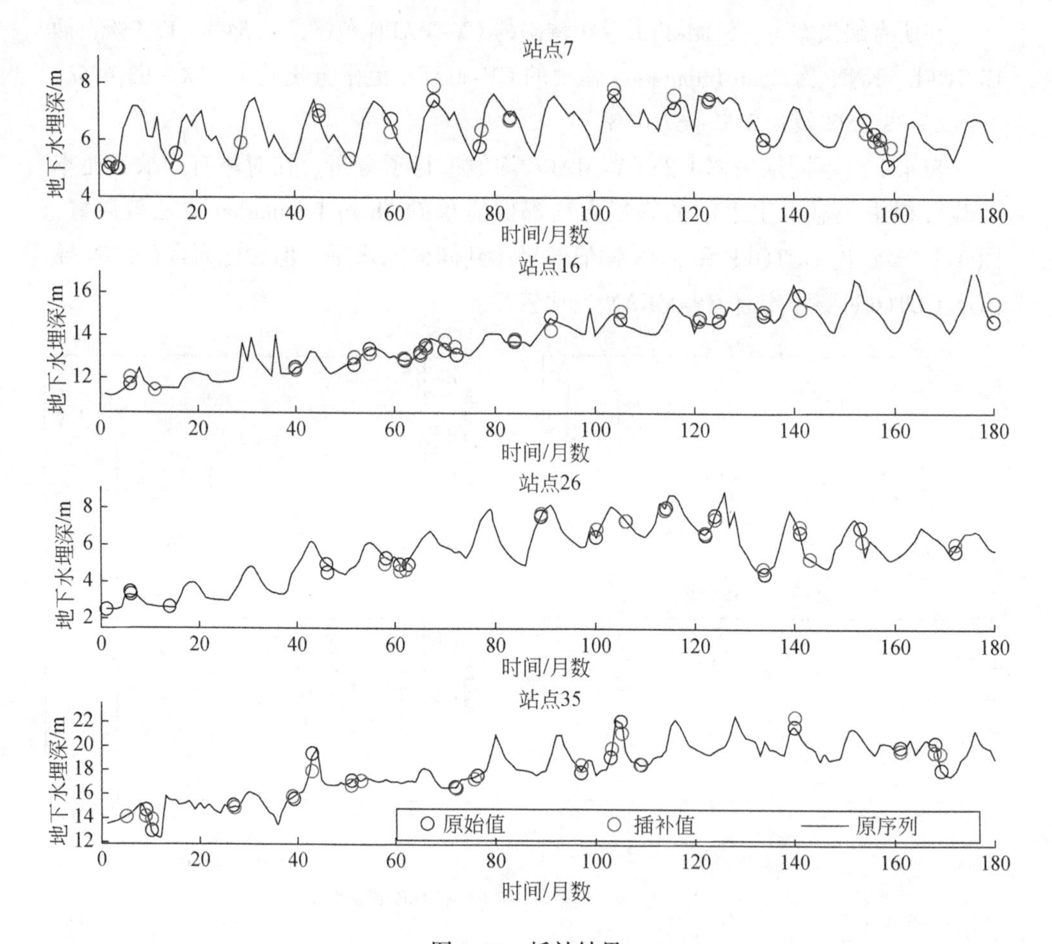

图 4.14　插补结果

有更好的鲁棒性和精准性，使用 CUTOFF、KNN 和 MEAN 可以节省计算资源。

4.5 模型应用

本书提出 SOM-FLLSVM 插补时空数据方法，并对一个时空数据集做了全面的验证研究，其结果显示，SOM-FLLSVM 时空插补策略在空间和时间信息上成功地补全了有缺失值序列。与此同时，SOM-FLLSVM 方法表现出对缺失值优秀的插补能力。另外，SOM-FLLSVM 方法容易理解和实现。如图 4.15 是对民勤绿洲地下水埋深的 37 条不完整序列插补后的结果。

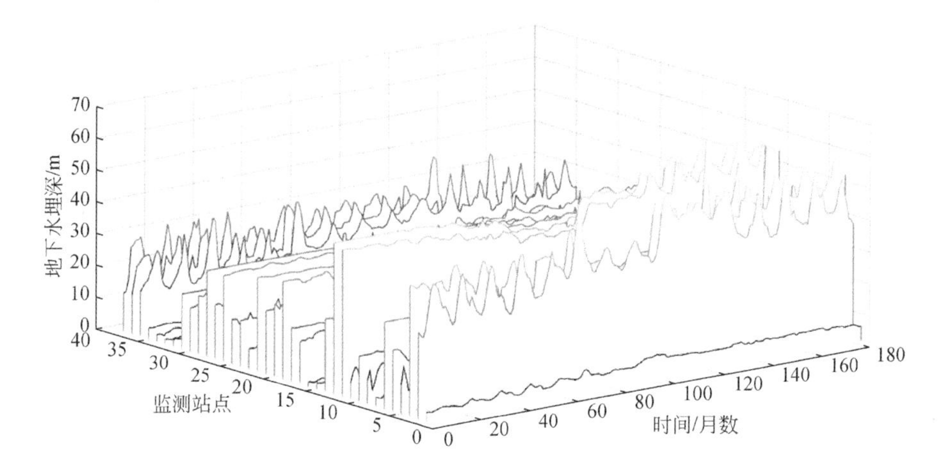

图 4.15　有缺失数据的 37 个站点完成插补的数据集

在 SOM-FLLSVM 方法插补过程中，SOM 技术被用于寻找一个模型，这样可以为缺失值插补提供足够的信息；从实验结果来看，这种方法比 CUTOFF 和 KNN 插值结果更加合乎情理，因为其他模型仅仅考虑序了各自的相关性和距离。LSSVM 考虑了时空数据集复杂的非线性关系及周围的站点对缺失数据的影响，这种非线性较 CUTOFF 值和 KNN 的最近均值，是一种更贴近实际的关系。

SOM-FLLSVM 模型对数据的修复效果要比其他的修复方法好。其主要原因是其他的方法仅仅是在时域上用简单的关系替换了复杂的非线性关系，却忽视了这种复杂的非线性关系在空间的影响，这就是其他方法插补精度下降的主要原因。果蝇优化算法和交叉验证算法在本书中起着至关重要的作用，主要用于搜索 LSSVM 的最优参数，并建立最优的时空插补模型。同时，SOM-FLSSVM 方法也适用于其他科学领域的时空数据集，如降雨数据、温度数据和空气污染数据及流行病数据等。

4.6　本章小结

本章主要根据地下水埋深时空数据集的特征，应用自组织映射神经网络、最小二乘支持向量机和果蝇优化算法建立了一种在时空数据集中修复不完整序列缺失值的模型（SOM-FLSSVM）。首先，介绍了建模原理和技术方法，以及几种经典的缺失值修复方法。结果发现，本书建立的模型充分考虑了空间和时间因素在插补过程中对缺失值的影响，SOM-FLSSVM 模型可以修复各种不同缺失率的序列，较于传统的数据缺失值修复方法，不仅提高了修复精度，而且降低了时间复杂度。为建立民勤县地下水时空预测模型做了充足的准备。为了进一步理清研究方法和思路，最后用一个具体的数据缺失值类型作为实例，展示了本章所有的技术思路与方法。

第5章　民勤地下水埋深时空序列时域预测

定量化、可视化模拟地下水埋深空间分布的未来动态，是一项非常有意义的工作。已有许多模型被应用于地下水埋深动态模拟研究，其中大多数是一些基于机理分析的数值模拟模型，这些模型往往非常复杂，需要大量实测的水文地质参数、水文地质单元，源、汇项等，通过求解模型得出预测结果。模型需要的一些水文地质参数具有不确定性，这在很大程度上影响了模拟结果的可靠性。而且，想要获取这些水文地质参数是非常困难的，只有各学科分析模型之间多次迭代才能获得理想的结果，其时间复杂度往往令人无法接受。这对模型的使用和普及产生了很大影响。

以图5.1所示的研究区多个监测点长期监测时空序列为基础，建立地下水埋深时空预测统计代理模型，是揭示地下水埋深未来动态的快速、有效的方法，特别是在新型传感器大量涌现，物联网飞速发展，大数据成为新型资源，云计算成为研究热点的大背景下。传统研究是基于时空平稳性意义下的，依据时空自相关函数、时空偏相关函数特点，建立STARMA模型，模型揭示序列目标值受当前序列历史值、周边站点当前值、周边站点历史值线性影响的情况。

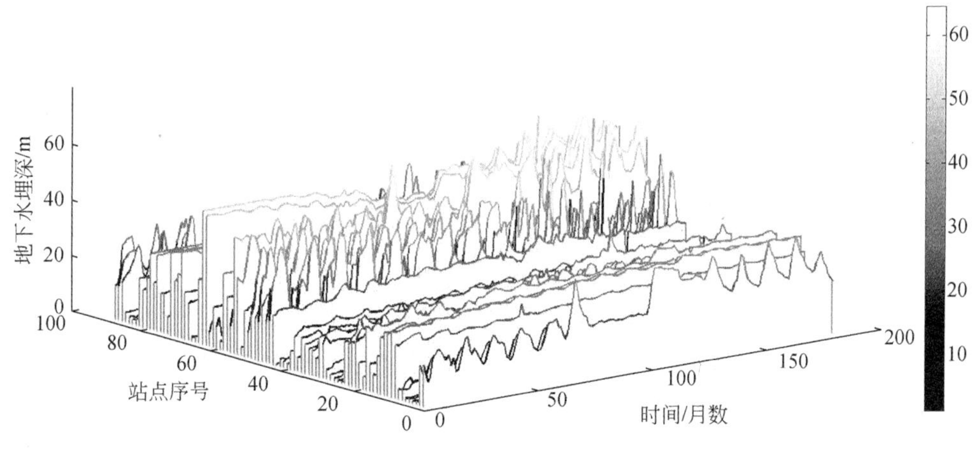

图5.1　修复后完整的数据集（88条序列图）

考虑到现实中的大多数时空序列都是非平稳的，且这些非平稳时空序列往往难以转化为平稳时间序列进行建模，如用有限差分法难以提取非平稳信息，同时考虑传统时空序列建模只考虑了变量间的线性影响，在一些情况下，线性分析能得到高精度的结论，且有成熟完整的理论，但是，通常线性分析只是非线性关系的近似，非线性分析才能更准确反应变量间的影响关系。可是要得到能准确反应变量间机理的非线性关系，特别是解析式表示的线性关系，往往是困难的，甚至是不可能的。而基于统计数据统计代理模型，神经网络、人工智能模型成为研究变量间非线性关系的快捷、有效方法。

很多情况下，时空序列预测需要得到每个单序列的预测结果，对每个序列逐一建模是困难甚至是不可能实现的。在民勤地下水埋深时空预测中就需要对 88 个序列逐一建模。对此，本书提出了一种多输入多输出非线性预测理论模型：

$$[X_{(1,\ t+n)},\ X_{(2,\ t+n)},\ \cdots,\ X_{(N,\ t+n)}] = f(X_{(1,\ t)},\ X_{(2,\ t)},\ \cdots,\ X_{(N,\ t)},\ X_{(1,\ t-1)},\ X_{(2,\ t-1)},\ \cdots,\ X_{(N,\ t-1)},\ \cdots X_{(1,\ t-k)},\ X_{(2,\ t-k)},\ \cdots,\ X_{(N,\ t-k)})$$

式中，$X_{(i,\ t)}(i=1,\ \cdots,\ N)$ 代表第 i 个站点第 t 月度数据值；n 为预测步数；t 为时间（本文为月度数值）；f 代表非线性对应关系（地下水复杂的非线性关系）。

为了对多个地下水埋深序列进行准确的动态模拟预测，本书建立了多输入多输出小波降噪广义回归神经网络，对非线性关系 f 进行拟合，为了得到高精度预测模型，本书引入网格搜索和交叉验证，建立了多序列小波消噪广义回归神经网络混合模型 M-WA-GRNN。

5.1 M-WA-GRNN 混合模型介绍

混合模型 M-WA-GRNN 是基于多维序列、小波变换分析（WA）、广义回归神经网络（GRNN）、交叉验证（CV）和网格搜索（GA）的地下水埋深时空序列时域动态预测模型。

为了对完整的地下水埋深序列进行高精准的动态模拟预测，首先，应用小波降噪降低序列的噪声影响；合理划分选择训练集和验证集；在 CV 误差（RMSE）下，对多输入多输出广义回归神经网络（GRNN）模型选择最佳的参数（spread value），建立最优的研究区地下水埋深时空序列时域混合预测模型 M-WA-GRNN。最后，应用与训练得到的最优模型进行前向 12 个月（2014 年）的地下水埋深预测。

5.2　M-WA-GRNN 模型建立

本书建立的模型是基于多维序列并结合小波分解、广义回归神经网络、交叉验证和网格搜索，简记为 M-WA-GRNN。该模型的建模步骤如下。

步骤 1：小波分解。对原始序列信号进行小波分解降低噪声信号。

步骤 2：对降噪的序列构建 M-WA-GRNN 混合模型。使用网格搜索、CV 算法对多输入多输出的 GRNN 模型建立最优的 M-WA-GRNN 模型。

步骤 3：多输出预测。使用最佳预测模型预测未来的地下水埋深值，并按相关指标对模型进行评价。

这种混合模型是在多个站点上进行多步向前预测的。模型 M-WA-GRNN 的详细内容表达如下。

我们假设矩阵 $X_{N \times M}$ 是原始的时空数据集，其中包含了 N 个地下水监测站点，每个站点包含了 M 个月度观测数据。为了得到可靠有效的预测，需采用一些策略。首先，利用小波分析分解每个站点得到的观测序列并滤掉高频成分中的噪声信号，然后对分解的序列进行重构，保存在矩阵 $X_{N \times M}$ 中；$x_{(i,\ j)}$ 为第 $i(i=1,\ 2,\ \cdots,\ N)$ 个站点第 $j\ (j=1,\ 2,\ \cdots,\ M)$ 个月度数据值。通过降噪处理之后，模型多输入和输出的节点数是 N（N 代表 N 个站点在一个月时间点的输入）。

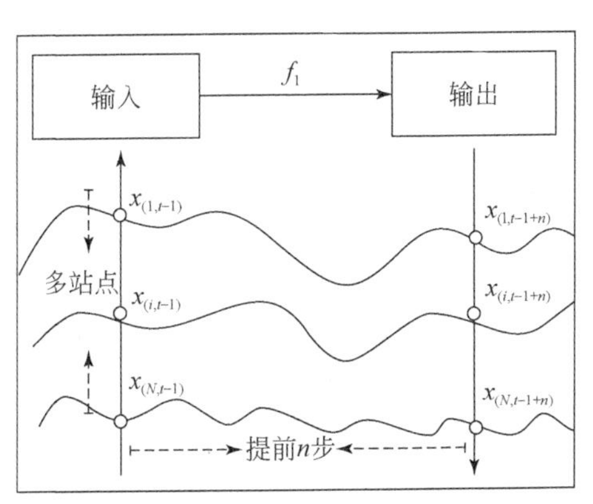

图 5.2　模型 M-WA-GRNN 多站点协同多步预测训练关系

图 5.2 展示了混合模型多站点协同多步预测的训练关系，我们将这种关系记为 f_1。另外，GS 和交叉验证（CV）被用于训练集上获得最佳的 GRNN 参数，详细的优化步骤与 Zhang 等（2009）的研究相似。图 5.3 展示了建立模型 M-WA-

GRNN 过程及地下水预测的框架。

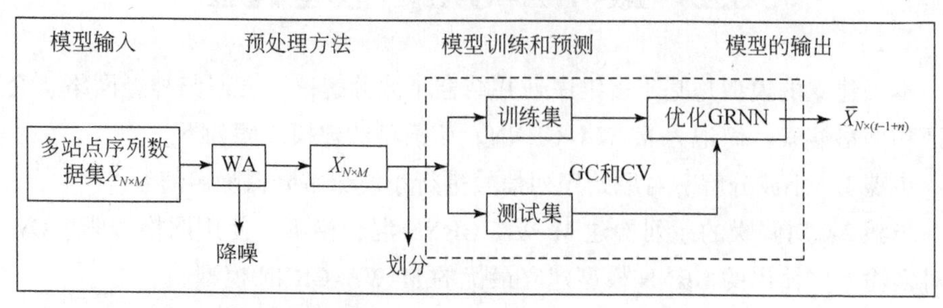

图 5.3 模型 M-WA-GRNN 多站点多步预测的框架

5.3 研究区时域预测模型的建立

本书为了建立研究区最优的 M-WA-GRNN 混合模型，对研究区地下水埋深进行动态模拟预测，应用修复完整后的 88 条序列进行建模。图 5.4 是地下水部分观测序列的箱线图，从图中可以看到，许多站点的数据有较大的波动，也就是说，我们想要得到一个精确的地下水埋深预测是困难的。

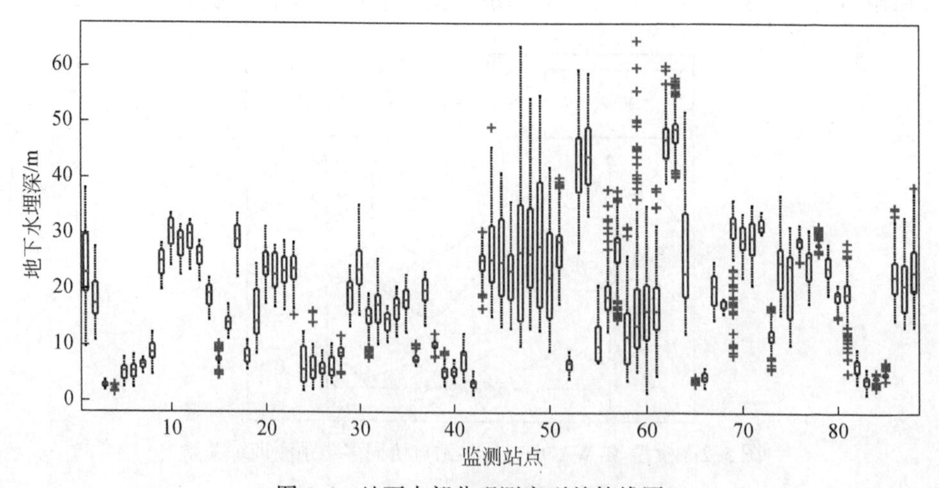

图 5.4 地下水部分观测序列的箱线图

5.4　模型效果评价指标

本书引入 RMSE 和 SD-RMSE 两个统计量，用于评价模型的预测性能。均方根误差（RMSE）用于评价模型的精度，统计量标准差（SD）用于描述模型应用的普适性，而 SD-RMSE 则代表了从一系列 RMSE 中计算 SD，SD-RMSE 的值越小，模型的鲁棒性和稳定性越好，具体公式表示如下：

$$\mathrm{RMSE} = \sqrt{\frac{1}{n}\sum_{i=1}^{n}(x_i - \hat{x}_i)}$$

$$\mathrm{SD-RMSE} = \sqrt{\frac{1}{m}\sum_{i=1}^{m}(\mathrm{RMSE}_i - \overline{\mathrm{RMSE}})}$$

式中，x_i，$\hat{x}_i$ 和 n 分别为地下水埋深观测值、预测值和测试的数据点数；$\overline{\mathrm{RMSE}}$ 为所有 RMSE 值的均值；SD-RMSE 为 RMSE 的 SD。

5.5　模型比较

为了使建立的模型更加精确，将获得的数据集分为两个不同的数据集，命名为训练集和验证集。训练集用于神经网络学习的数据模式，将 1999 年 1 月 ~2012 年 12 月的数据作为训练集，2013 年 1 月 ~12 月数据作为验证集。在测试集上表现最好，使用验证集检测训练好的网络性能。

为了应用 M-WA-GRNN，S-GRNN，S-ELM，S-ANN 和 S-RBF 去预测 GWL，我们必须确定好输入变量和输出变量。表 5.1 列出了模型对比的详细信息。其中，模型 M-WA-GRNN 用 f_1 代表训练关系，输入输出的节点数为 88，并预测了 12 个月度数据；而其他方法的训练关系均由 f_2 来表示，输入节点数均为 3，输出节点数均为 1，预测步数也同样为 12 期。图 5.5 展示了单一序列多步预测的训练关系 f_2，深入研究发现 f_2 的最好结果是三个输入节点的延迟是 3 阶（李莎等，2012b）。f_1 与 f_2 最大的不同是，f_2 仅仅是单一时间序列多步预测的训练关系，而 f_1 则是多站点多步协同预测的训练关系。也就是说，多站点类型涉及更多站点间的信息，这将对提升预测精度提供帮助。

表 5.1 模型配置比较说明

数据 \ 方法 SD-RMSE	M-WA-GRNN	S-GRNN	S-ELM	S-ANN	S-RBF
训练集（1991.01～2012.12）	√	√	√	√	√
测试集（2013.01～2013.12）	√	√	√	√	√
函数关系（f_1 或 f_2）	f_1	f_2	f_2	f_2	f_2
输入节点	88	3	3	3	3
输出节点	88	1	1	1	1
预测期	12	12	12	12	12
多站点或单站点预测	多站点	单站点	单站点	单站点	单站点
小波函数	db4	—	—	—	—

注：“—”表示无此数据

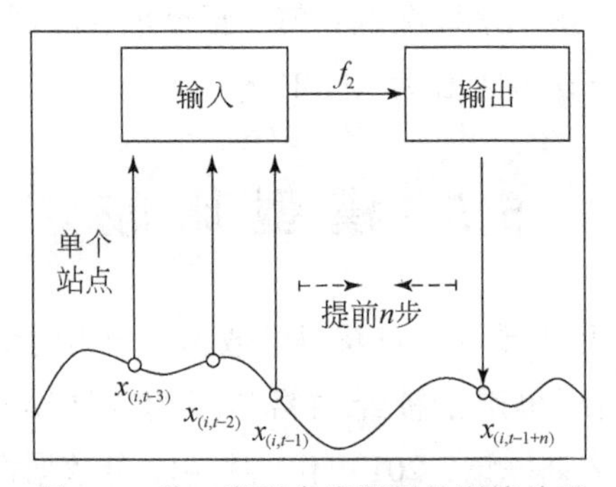

图 5.5 单一序列多步预测的训练关系

模型 M-WA-GRNN 使用 db4 小波函数将地下水埋深序列分解为六个部分，然后消除高频成分中的噪声信号，最后进行序列重构。图 5.6 是将第 26 个站点的时间序列分解为六部分；图 5.7 展示了第 26 个站点时间序列的原始序列、噪声序列和去噪后的序列。

图 5.8 展示了根据 CV 误差的变化来选取适合 M-WA-GRNN 模型的最优 Spread 值。在训练集上，当 Spread 值为 4.6 时，CV 误差的最优值是 1.3181，因此，本书将 4.6 作为最优的 Spread 值，来预测 88 个站点的 12 个月度数据。图 5.9展示了 2013 年 1～12 月观测值与 M-WA-GRNN 模型预测值对比效果。

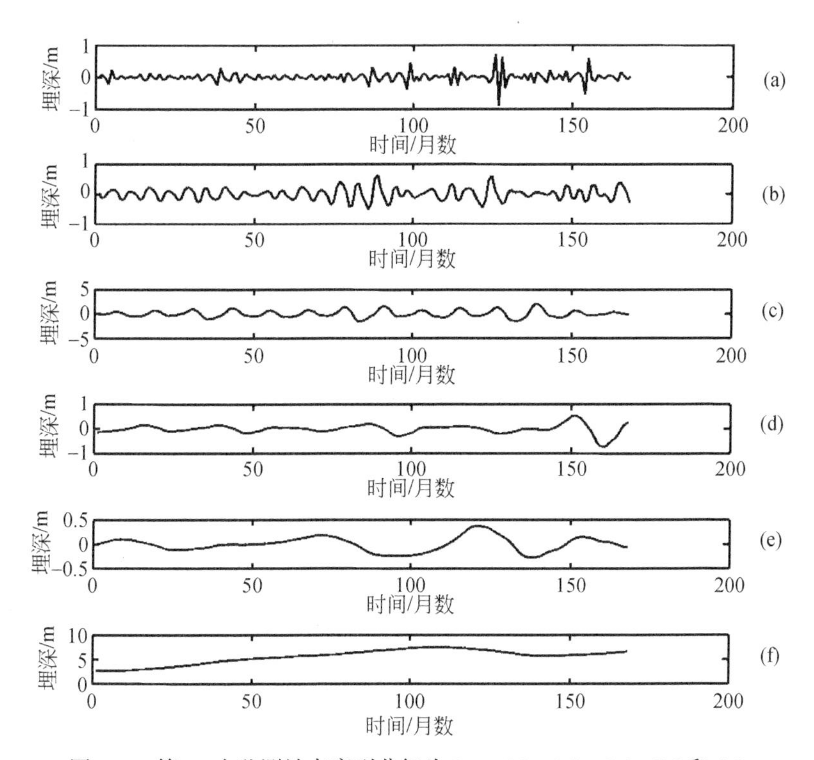

图 5.6　第 26 个监测站点序列分解为 D1、D2、D3、D4、D5 和 A5

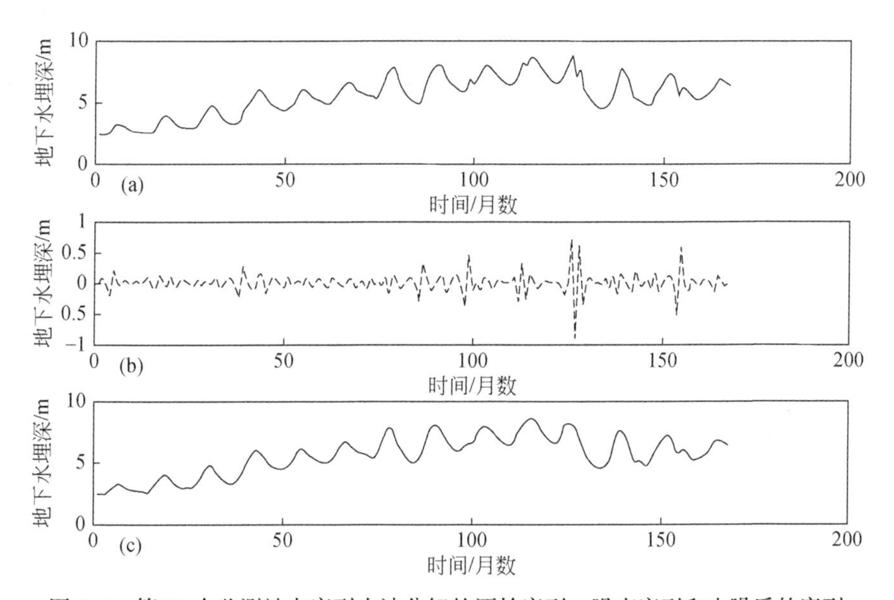

图 5.7　第 26 个监测站点序列小波分解的原始序列、噪声序列和去噪后的序列

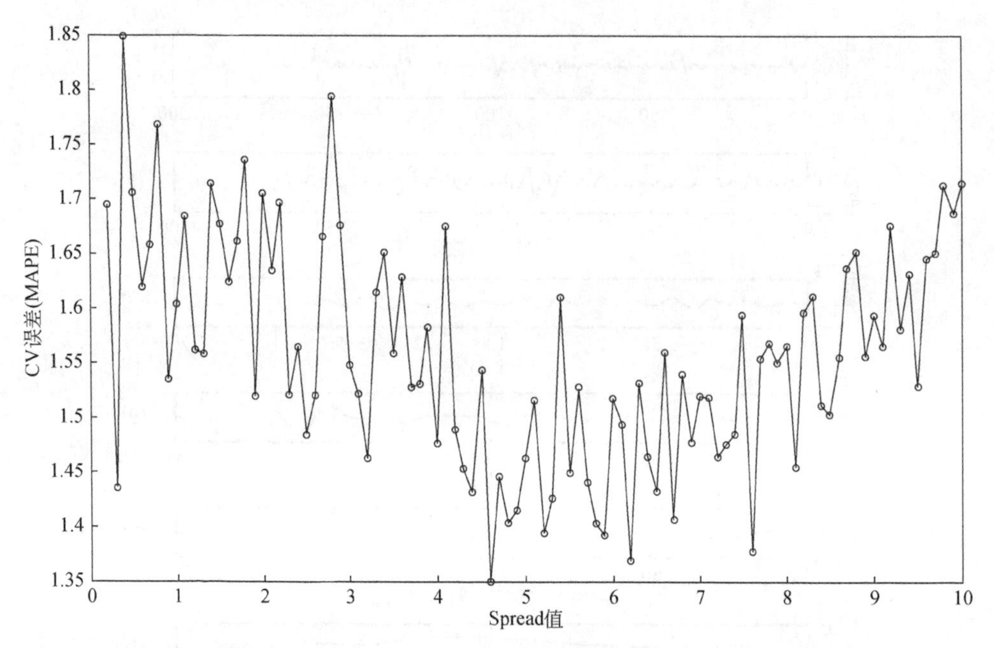

图 5.8　训练集上网格搜索交叉验证误差寻找最佳 M-WA-GRNN 的 Spread 值

搜索范围为 0.2 ~ 10，步长为 0.1

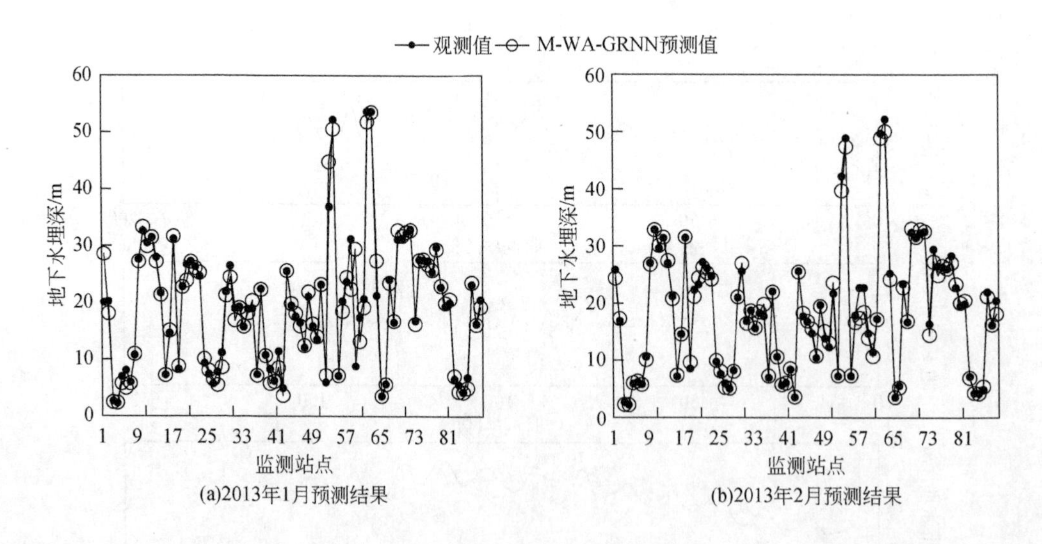

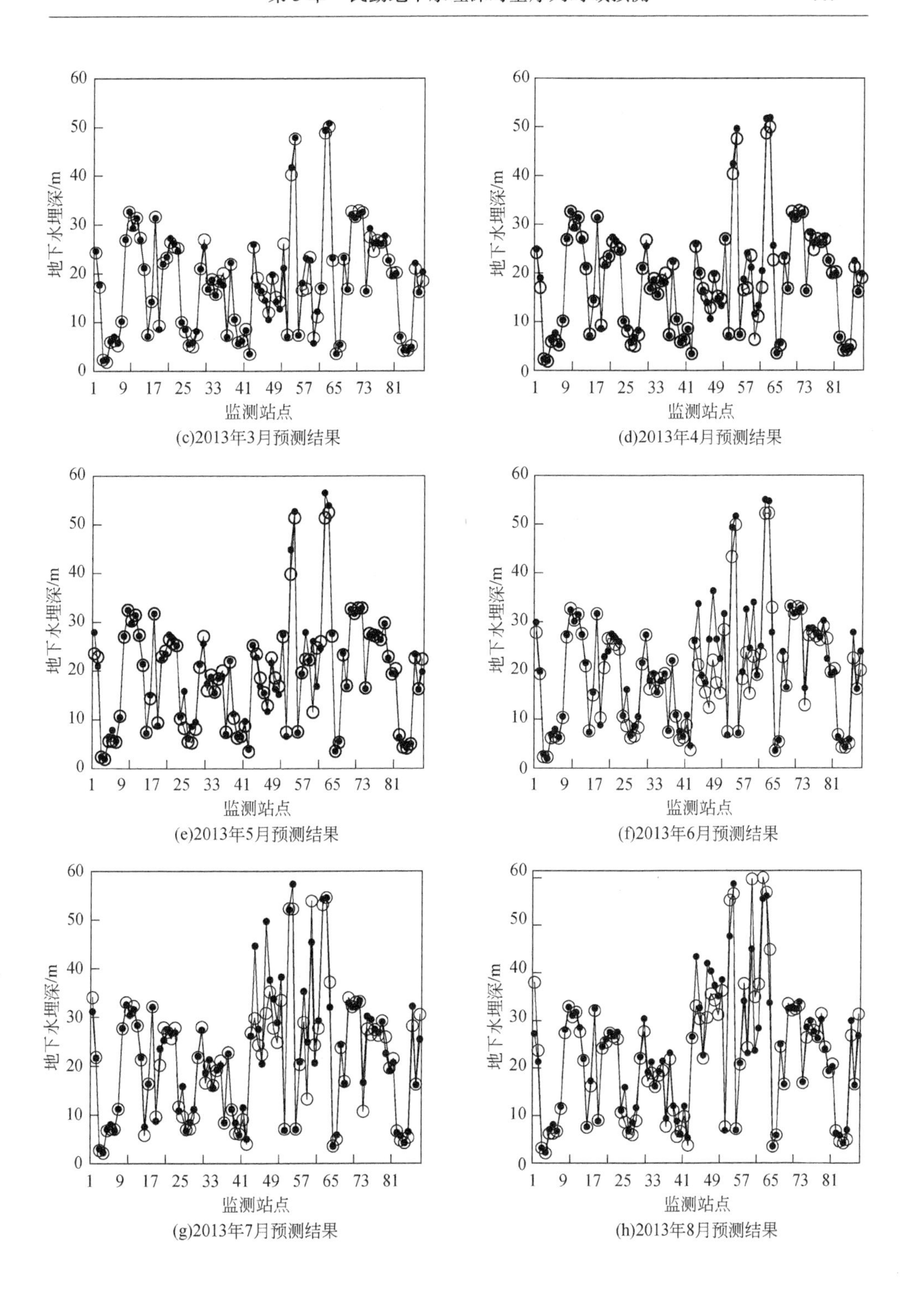

(c)2013年3月预测结果

(d)2013年4月预测结果

(e)2013年5月预测结果

(f)2013年6月预测结果

(g)2013年7月预测结果

(h)2013年8月预测结果

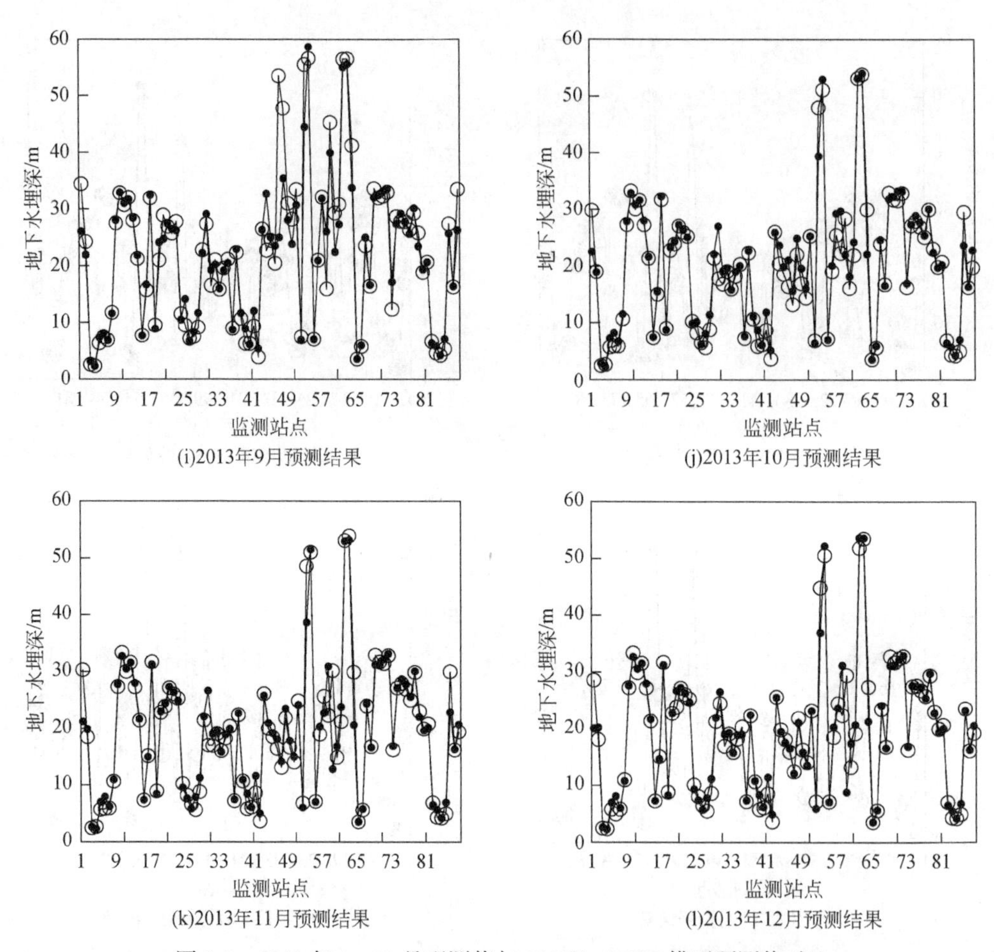

图 5.9　2013 年 1 ~ 12 月观测值与 M-WA-GRNN 模型预测值对比

5.6　结果分析与讨论

本节主要讨论各种模型在预测民勤地下水埋深问题时的效果。表 5.2 展示了民勤县 88 个地下水站点在不同模型下，所得到的 12 个月度数据预测的 CV-RMSE，从表 5.2 可以看出 S-RBF 预测效果最差，S-GRNN，S-ELM 和 S-ANN 预测效果几乎是同一个水平，由于模型 M-WA-GRNN 引用了协同和降噪的思想，所以在大多数站点，该模型的预测精度则比其他四种模型的预测精度高。表 5.3 则是 M-WA-GRNN 与其他四种模型预测结果的一个综合对比。比较表中数据可以看出，模型 M-WA-GRNN 的 MEAN-RMSE 值为 1.572，是较于其他模型的最小值，这表明该模型可以为地下水管理提供一个准确的管理计划。

为了讨论模型的鲁棒性，5.3 节定义了统计量 SD-RMSE，通过得到的 88 个 CV-RMSE 值来计算各种方法的 SD-RMSE 值。其中，模型 M-WA-GRNN 预测误差的标准差 SD-RMSE 为 1.982，模型 S-GRNN 的为 3.685，模型 S-ELM 的为 3.524，模型 S-RBF 的为 4.075，而模型 S-ANN 的 SD-RMSE 值最差，为 5.315。综合来看，M-WA-GRNN 作为一个新的多站点多步预测模型，使得预测误差明显地减小了。

本书建立了一种新的多站点协同多步预测模型，并将该模型用于预测民勤地下水埋深的 12 个月度数据。图 5.4 显示了民勤地下水埋深的 88 个监测站点得到的序列有很大的波动，基于可靠的数据，我们将多站点的预测和其他四个单一站点的预测作了比较，通过获得的预测结果，得到如下结论。

(1) 在得到的区域地下水埋深时间序列中有很大的不同。如图 5.4 所示一部分序列有着较小的波动，说明随着时间的变化较为平稳，但有很大一部分则有很明显波动。为了解决这种特殊现象，分类技术将被引用到未来的工作，并与模型 M-WA-GRNN 结合，将不同的类别建立不同的最优预测模型，这将会大大提高预测的精度。

(2) 多站点协同多步预测的机制比单一序列的预测更加适合区域地下水的预测。模型 M-WA-GRNN 可以快速并直接地给出多站点的预测，而单一序列的预测则需要重复多次，也就是说 M-WA-GRNN 模型是一种高效的预测方法。另外，当一个预测模型应用于多个站点时，也就意味着将会有更多更有用的信息参与模型的预测。所以，模型 M-WA-GRNN 比起其他单一模型可以获得更好更精准的预测结果。

(3) 混合在地下水埋深监测序列中的未知噪声，在很大程度上影响了模型预测的可靠性。换句话来说，为了获得更精准的预测结果，对得到的时空数据集进行降噪处理是一个非常重要的过程。

表 5.2　M-WA-GRNN 与其他四种模型预测各个站点 RMSE

检测站点	M-WA-GRNN	S-GRNN	S-ANN	S-ELM	S-RBF
1	5.971	4.502	**3.585**	5.171	6.293
2	**0.982**	3.355	1.375	2.684	3.681
3	**0.215**	0.772	0.346	0.587	1.149

续表

检测站点	M-WA-GRNN	S-GRNN	S-ANN	S-ELM	S-RBF
4	0. 329	**0. 128**	0. 285	0. 491	0. 317
5	0. 949	**0. 728**	1. 154	0. 265	1. 745
6	**1. 942**	1. 631	2. 470	1. 062	1. 732
7	**0. 276**	0. 560	0. 440	1. 067	1. 339
8	**0. 335**	0. 772	0. 471	1. 287	2. 702
9	**0. 356**	1. 553	0. 455	0. 789	1. 587
10	0. 425	4. 472	**0. 375**	7. 471	1. 169
11	**0. 467**	2. 477	0. 498	3. 129	2. 063
12	**0. 124**	3. 718	0. 187	6. 185	1. 292
13	**0. 623**	1. 129	0. 788	2. 634	1. 762
14	0. 288	**0. 256**	0. 351	0. 339	1. 446
15	**0. 174**	0. 542	0. 199	1. 507	5. 533
16	**0. 539**	0. 912	0. 974	1. 069	2. 007
17	**0. 321**	3. 498	0. 538	3. 475	2. 362
18	**0. 479**	0. 994	0. 848	1. 131	1. 559
19	**0. 372**	2. 665	0. 893	1. 850	17. 538
20	**0. 942**	3. 027	1. 620	1. 261	4. 375
21	0. 529	0. 980	**0. 504**	0. 839	2. 154
22	0. 526	0. 905	**0. 378**	0. 576	2. 565
23	**0. 731**	0. 938	0. 962	1. 224	9. 095
24	**0. 393**	0. 728	2. 868	1. 826	2. 386
25	4. 630	4. 569	5. 186	7. 391	**3. 356**
26	**0. 456**	0. 503	0. 634	2. 249	2. 161
27	2. 142	1. 431	**1. 165**	1. 309	2. 577
28	1. 925	1. 641	2. 023	**0. 983**	1. 671
29	**0. 388**	1. 032	0. 416	1. 917	3. 477
30	2. 323	1. 436	4. 272	**1. 144**	4. 377
31	1. 350	2. 346	1. 485	**0. 775**	2. 355
32	**0. 920**	1. 885	1. 355	1. 339	4. 567
33	0. 331	0. 681	0. 230	**0. 051**	4. 256
34	0. 530	**0. 508**	1. 769	1. 037	6. 837
35	**1. 526**	2. 586	**1. 503**	1. 693	2. 240

续表

检测站点	M-WA-GRNN	S-GRNN	S-ANN	S-ELM	S-RBF
36	**0.754**	1.984	0.756	0.770	2.541
37	0.405	**0.367**	0.423	**0.297**	2.677
38	**0.440**	0.654	0.481	0.794	2.041
39	2.097	1.523	3.200	**0.080**	1.736
40	0.228	0.251	**0.202**	0.220	1.156
41	**1.756**	2.333	3.072	1.284	4.511
42	1.027	0.821	1.216	**0.818**	1.182
43	**0.423**	1.701	0.425	1.887	2.660
44	**6.798**	8.194	19.660	7.345	8.657
45	**1.980**	9.016	6.022	5.460	9.994
46	**1.520**	8.349	3.892	6.975	7.176
47	**9.191**	14.605	37.860	12.915	19.839
48	5.065	6.037	9.138	**4.830**	11.860
49	**4.025**	10.938	8.667	16.150	19.498
50	**3.480**	12.825	8.061	7.166	12.593
51	3.071	5.248	6.097	**1.350**	13.364
52	0.620	0.781	**0.481**	2.728	1.826
53	5.037	11.253	3.771	**3.464**	10.964
54	**2.308**	15.036	4.546	15.551	7.827
55	**0.094**	8.252	0.643	11.184	4.085
56	1.121	2.649	1.227	**1.067**	4.953
57	3.880	3.970	6.707	**3.530**	5.242
58	**4.107**	13.051	5.524	6.856	5.515
59	10.569	12.084	24.051	**8.673**	11.530
60	3.706	6.934	9.733	**3.142**	7.641
61	2.468	5.878	6.925	**2.231**	5.784
62	**3.154**	10.346	3.780	11.449	4.438
63	**1.050**	6.516	2.603	12.249	3.951
64	5.866	**4.739**	6.328	5.638	9.769
65	**0.000**	0.630	0.011	0.573	0.203
66	0.241	0.257	0.280	**0.065**	1.365
67	**0.506**	0.561	0.995	0.946	1.981

续表

检测站点	M-WA-GRNN	S-GRNN	S-ANN	S-ELM	S-RBF
68	**0.158**	1.617	0.184	1.668	2.817
69	**0.958**	6.897	2.863	6.321	5.464
70	**0.321**	3.517	0.491	5.340	2.412
71	0.570	3.562	**0.426**	4.150	6.962
72	**0.330**	2.190	0.461	2.732	1.446
73	**0.467**	3.450	2.041	1.276	3.491
74	1.660	2.265	**1.337**	2.460	6.576
75	**1.058**	1.953	1.930	2.599	6.198
76	**0.535**	1.355	0.736	1.023	1.345
77	**0.462**	1.010	0.675	1.887	8.658
78	**1.012**	1.377	0.975	1.574	1.600
79	**0.703**	2.799	1.334	0.979	1.814
80	**0.369**	0.412	0.461	0.584	1.272
81	**0.541**	2.794	1.304	1.971	4.591
82	**0.391**	1.221	0.858	2.287	1.043
83	0.965	0.827	1.922	**0.364**	1.379
84	**0.032**	0.108	0.085	0.095	1.125
85	1.397	**0.963**	1.232	0.161	1.841
86	2.612	2.909	3.913	**1.611**	4.549
87	**0.166**	8.741	1.040	7.264	3.697
88	**1.851**	4.806	3.356	3.446	4.465

注：黑体表明各站点预测 RMSE 最小的方法

表 5.3　M-WA-GRNN 与其他四种模型预测综合结果对比

评价指标 \ 数据 \ 方法	M-WA-GRNN	S-GRNN	S-ELM	S-ANN	S-RBF
MEAN-RMSE	**1.572**	3.437	3.128	2.921	4.512
SD-RMSE	**1.982**	3.658	3.524	5.315	4.075
MIN-RMSE	**0.0002**	0.108	0.011	0.051	0.203
MAX-RMSE	**10.569**	15.036	37.860	16.150	19.839

实验结果证明，相比单一的时间序列预测模型，模型 M-WA-GRNN 有较高的预测精度及鲁棒性。模型 M-WA-GRNN 也可以用于预测其他时空变量，如降

雨、空气质量和太阳辐照等。

5.7　本章小结

本节主要依据时空数据集的特征，结合小波降噪、广义回归神经网络、网格搜索和交叉验证的方法，建立了混合的 M-WA-GRNN 预测模型，并将它用于地下水预测，简单地介绍了建立最优模型的相关参数选取方法，以及一些相关的单一时间序列预测方法，并将第 4 章已修复完整的时空数据集作为验证模型有效性的划分数据。实验结果表明，该模型不仅提高了预测精度而且大大降低了时间复杂度。用已建立的最佳模型进行 2014 年 12 个月的预测，并为后续研究区地下水埋深空间插值做了充足的准备。

第6章　研究区地下水埋深时空插值

空间插值是指利用空间已知位置点的数值，通过插值技术得到遍历连续空间面数据集，时空插值可以通过时空插值技术，得到遍历时空的数据集。时空克里格插值技术（STK）是最典型且应用最为广泛的一种时空插值方法，而决定插值准确性的关键是半变异函数的选取。目前，半变异函数主要是选用一些经验函数（高斯模型、线性模型、球状模型等），这样往往使得精度得不到提高或者达不到插值精度的要求。随着神经网络和机器学习的发展，一些研究者就用神经网络来拟合时空半变异函数，这使得插值精度得到了很大的提高，但是，对机器学习建模时有较多的参数，这就使得建模过程变得很复杂，较难普及。

本章将结合广义回归神经网络（GRNN）、网格搜索（GA）和交叉验证（CV）方法来建立模型自适应拟合时空变异函数，建立GRNN-STK时空混合插值模型。

6.1　模型构建

针对以上提出的问题，本书提出了基于GRNN自适应时空克里格插值变异函数拟合方法，并在此基础上建立了GRNN-STK时空混合插值模型，该模型参数较少且确定简便。该方法能够自适应拟合时空变异函数，极大地提高插值的效率和精度，是一种具有普适性、高精度的时空插值方法，将为时空意义上的空间模拟研究提供重要的技术支持。

6.2　GRNN-STK模型

时空克里格插值方法采用人为观察实验变异函数图的分布特征，选取变异函数模型，然后，对所确定的变异函数的参数进行优化选取，这就产生了时空克里格插值对变异函数选择的依赖性及变异函数选择的主观性等重大弊端。本书提出采用GRNN对样本变异函数进行拟合的GRNN-STK方法，以空间距离和时间间隔为输入变量，半方差值为输出变量，该方法能够自适应分析已有数据场的分布结构特征，不需要人为选择变异函数及烦琐的参数优化，并且 GRNN 只有一个参数需要优化，参数的范围比较小，优化起来也比较方便。因此，这一结合方法将具有很强的非线性自适应拟合变异函数的能力，并且对整体的插值精度有较大的提高。

本书提出的方法具体流程如图 6.1 所示。

（1）根据式（2.130）监测点实测数据计算出样本的时空变异函数 $r(h_s, h_t)$。

（2）采用 CV 交叉验证的平均绝对百分比误差为适应度函数，利用网格寻优方法确定 GRNN 神经网络中的参数 σ，然后利用 GRNN 对样本的时空变异函数 $r(h_s, h_t)$ 进行拟合，得到最优时空变异函数 $r^*(h_s, h_t)$。

（3）对于一个待插值的点 x_0，利用样本最优时空变异函数 $r^*(h_s, h_t)$ 计算该点与已知点的时空半方差，计算出式（6.3）的权重，然后便可以得到在点 x_0 处的插值 $Z^*(x_0)$。

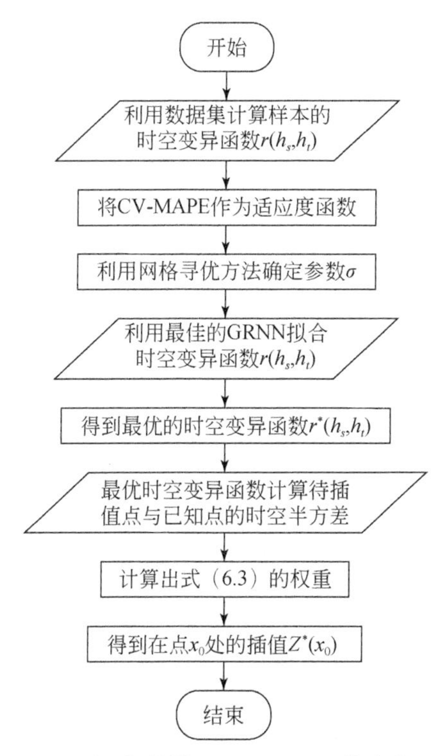

图 6.1　时空插值模型 GRNN-STK 构建流程图

6.3 对比模型

为了突出本文插值方法在精度上的优势，我们将 STK，OK，IDW 三种较为经典的插值方法作为我们的对比模型。

6.3.1 普通克里格插值

普通克里格（OK）插值法是考虑数据空间统计特征的插值方法，是一种基于统计学理论的插值方法，且应用较为广泛。OK 除了要满足均值的存在与位置无关，还必须要满足对于任意距离 h，任何 x 和 h 都存在一个不取决于 x 的一个有限方差，即

$$E\{[Z(x+h)-Z(x)^2]\}=2\gamma(h) \tag{6.1}$$

那么，估计待插值点 x_0 的数值。

$$\hat{Z}(x_0)=\sum_{i=1}^{n}\lambda_i Z(x_i) \tag{6.2}$$

空间数据是具有时空相关性。然而，普通克里格插值仅用空间相关性进行建模，不利于插值精度的进一步提高（Chen and Liu，2012）。

6.3.2 反距离加权插值

反距离加权（IDW）插值法是在一个区域内用已知样本点的值来预测样本点以外的其他任何位置的方法，以下为其基本公式：

$$\hat{Z}(x_0)=\sum_{i=1}^{N}\lambda_i Z(x_i) \tag{6.3}$$

式中，$\hat{Z}(x_0)$ 为 x_0 处的估计值；λ_i 为各个样点的权重，该值随着样点与预测点之间距离的变大而减小，权重的计算确定公式为

$$\lambda_i=d_{i0}^{-p}/\sum_{i=1}^{N}\lambda_i d_{i0}^{-p},\quad \sum_{i=1}^{N}\lambda_i=1 \tag{6.4}$$

由于 IDW 是一种相对简单并且实用性较强的插值方法，所以，它能够满足一般的空间数据插值需求（Chen and Liu，2012；Karagiannidis and Feidas，2014），但是会产生较大的误差（Li et al.，2011）。

6.4　精度比较与结果分析

6.4.1　平稳性检验

对民勤绿洲具有完整数据的 51 个监测站点 180 个月的数据进行平稳性检验，判断数据是否满足二阶平稳性。依据 2.1.6 节的内容，我们只需对数据的均值和方差进行检验。图 6.2 中为原始数据的月均值与方差。

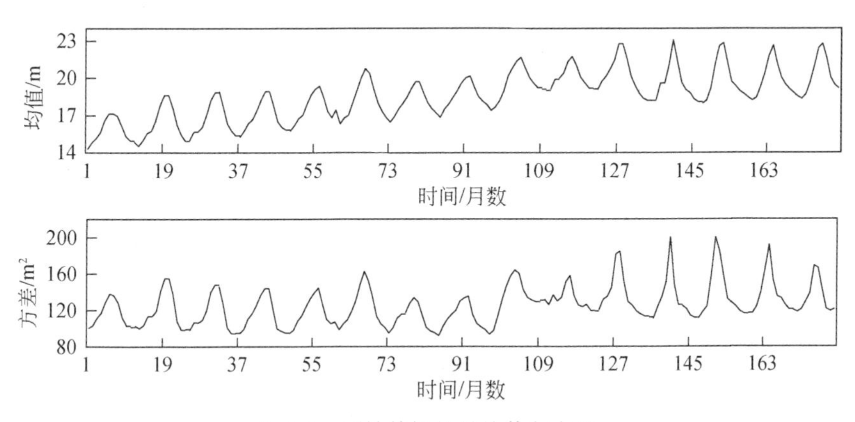

图 6.2　原始数据的月均值与方差

从表 6.1 中可以看出，原始数据的均值和方差均满足平稳性，所以，也就满足时空克里格插值条件。

表 6.1　均值和方差的平稳性检验结果

变量	ADF 统计量	5% 临界值	1% 临界值	结论	*P* 值
均值	0.1453	-1.9424	-2.567	平稳	0.0000
方差	-0.6134	-1.876	-3.74	平稳	0.0000

6.4.2　实验结果

用 GRNN 对样本时空变异函数进行拟合，得到最优时空变异函数，然后利用拟合得到的最优时空变异函数对各个待插点进行时空插值。而图 6.3 为研究区地下水埋深样本时空半方差及 GRNN 拟合效果图。

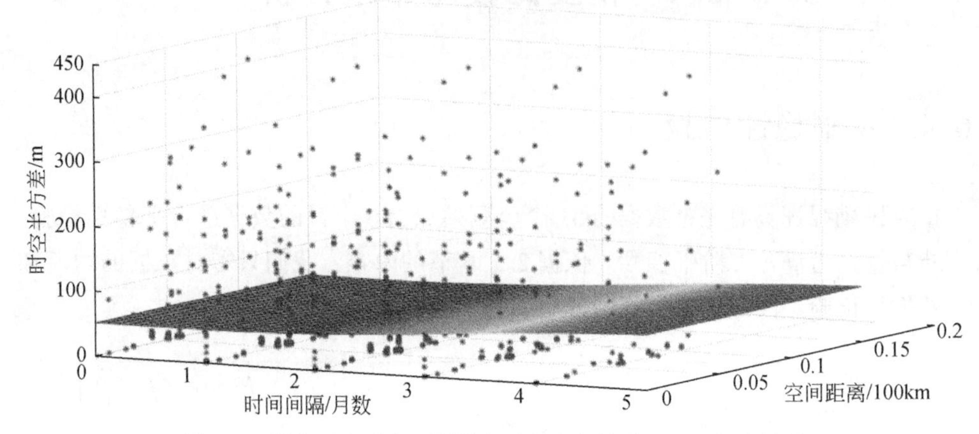

图 6.3 研究区地下水埋深样本时空半方差及 GRNN 拟合效果

本书通过交叉验证来检验时空插值的效果。在交叉验证中，固定某一时刻，首先将某一站点的观测值暂时去除，然后利用剩余的观察值，建立 GRNN-STK 插值模型来预测该去除的观测值，最后将该预测值与原始观测值进行误差分析，对 51 个站点分别重复以上过程，来验证所有的数据。本书选用的误差指标为均方根误差（RMSE）、平均绝对误差（MAE）和平均绝对百分比误差（MAPE）。

用四种模型分别对研究区的 88 个站点的数据进行交叉验证，由于时间月份较多，在此只展示 2013 年 12 月的交叉验证结果，表 6.2 列出了四种模型验证的部分插值结果，表 6.3 则列出了四种插值模型精度比较的结果，而图 6.4 则是四种插值模型交叉验证结果的比较图。

表 6.2 四种方法预测得到的 2013 年 12 月地下水埋深插值结果对比 （单位：m）

站点序号	原序列	GRNN-STK	STK	OK	IDW
1	20.03	20.86	20.72	21.06	23.91
2	20.2	17.90	19.72	17.66	17.64
3	2.64	2.76	0.00	9.72	7.83
4	2.28	2.61	1.61	8.86	7.28
5	6.98	7.26	7.90	6.32	6.52
6	8.09	7.77	9.91	6.77	6.74
7	6.01	6.48	6.31	11.01	10.66

续表

站点序号	原序列	GRNN-STK	STK	OK	IDW
8	10.78	10.38	12.14	8.37	7.36
9	27.6	27.76	27.35	24.84	27.77
10	32.65	33.67	39.17	27.07	30.36
11	30.55	30.07	30.89	29.08	30.65
12	31.49	31.81	33.11	27.75	29.36
13	27.96	28.23	31.73	23.91	27.11
14	21.68	22.07	21.47	18.45	22.86
15	7.31	7.39	7.34	19.06	21.39
16	14.62	13.28	14.99	18.04	22.08
17	31.25	31.23	27.54	20.94	31.25
18	8.28	9.88	4.06	23.00	24.17
19	22.78	15.16	22.32	16.48	14.99
20	26.68	23.60	24.40	25.92	25.75
21	27.24	27.91	30.61	22.85	23.64
22	26.29	27.61	26.86	25.50	25.55
23	24.67	25.08	27.38	26.68	27.13
24	9.32	8.72	8.85	8.22	7.80
25	7.41	17.98	7.48	8.22	8.10
26	5.71	5.04	5.39	9.58	8.63
27	7.81	7.55	7.53	8.92	9.31
28	11.17	10.75	10.28	12.40	11.02
29	21.94	28.97	20.71	18.49	20.05
30	26.49	27.25	25.60	21.70	22.30
31	19.01	21.49	20.54	13.81	11.31
32	19.25	19.87	16.98	18.78	20.01
33	15.75	16.73	11.79	18.34	16.81
34	18.86	17.38	52.87	19.62	19.44
35	18.97	14.75	18.73	20.40	20.46

续表

站点序号	原序列	GRNN-STK	STK	OK	IDW
36	7. 36	7. 34	6. 78	10. 26	13. 23
37	22. 44	22. 44	21. 56	20. 45	21. 41
38	10. 81	8. 88	7. 40	11. 59	14. 73
39	8. 31	8. 21	6. 02	9. 07	8. 53
40	6. 2	4. 88	1. 47	12. 74	16. 91
41	11. 43	10. 77	0. 00	11. 43	6. 53
42	4. 91	4. 67	0. 00	8. 91	9. 47
43	25. 54	26. 92	26. 06	21. 49	22. 32
44	19. 48	33. 95	27. 84	18. 74	19. 23
45	17. 57	18. 16	19. 97	17. 13	17. 37
46	16. 49	11. 49	21. 97	17. 87	21. 71
47	12. 11	14. 66	13. 17	15. 35	16. 91
48	21. 04	25. 18	28. 23	20. 55	20. 21
49	15. 86	15. 42	17. 17	16. 03	16. 53
50	13. 54	16. 54	8. 70	16. 88	18. 16
51	23. 18	24. 42	29. 87	22. 79	19. 71
52	5. 94	7. 37	6. 12	22. 95	20. 07
53	36. 93	39. 06	46. 62	26. 44	26. 27
54	52. 22	48. 38	56. 49	41. 24	51. 95
55	7. 09	7. 11	0. 00	20. 97	20. 87
56	20. 28	22. 48	20. 68	44. 96	52. 41
57	23. 65	24. 21	26. 73	23. 77	24. 37
58	31. 17	0. 00	29. 82	11. 01	15. 72
59	8. 81	21. 04	19. 83	16. 52	19. 57
60	17. 40	13. 55	16. 67	15. 08	11. 62
61	20. 67	22. 97	6. 47	14. 57	9. 71
62	53. 65	51. 31	54. 74	39. 90	49. 26
63	53. 61	53. 74	54. 24	40. 80	51. 32

续表

站点序号	原序列	GRNN-STK	STK	OK	IDW
64	21. 26	54. 11	13. 09	25. 90	22. 41
65	3. 54	3. 89	0. 00	12. 65	9. 81
66	5. 67	17. 69	0. 00	10. 13	8. 09
67	24. 07	24. 08	24. 33	20. 77	25. 18
68	16. 58	17. 30	10. 93	28. 37	29. 99
69	31. 11	29. 87	34. 85	27. 63	31. 31
70	31. 25	16. 83	16. 92	20. 80	31. 25
71	32. 24	31. 21	31. 71	24. 53	22. 03
72	32. 90	33. 62	33. 38	25. 28	21. 89
73	16. 83	16. 83	16. 92	21. 71	31. 12
74	27. 58	24. 58	32. 66	25. 00	23. 54
75	27. 50	28. 12	26. 81	25. 49	25. 33
76	27. 29	28. 57	24. 67	25. 05	24. 98
77	25. 40	25. 83	24. 35	25. 31	26. 18
78	29. 74	28. 90	32. 84	27. 00	24. 49
79	22. 74	21. 86	21. 75	20. 25	27. 11
80	19. 43	61. 78	9. 19	19. 74	20. 06
81	19. 99	22. 87	11. 63	14. 37	20. 10
82	6. 53	7. 16	2. 85	9. 24	11. 43
83	5. 53	5. 55	2. 61	10. 28	9. 38
84	4. 21	3. 37	4. 18	11. 46	13. 11
85	6. 82	7. 13	0. 00	19. 27	11. 48
86	23. 17	41. 43	25. 08	18. 35	19. 11
87	16. 29	17. 86	14. 81	19. 24	17. 02
88	20. 53	22. 39	18. 75	25. 60	18. 95

表 6.3　四种插值模型精度的比较

评价指标 \ 数据 \ 建模方法	GRNN-STK	STK	OK	IDW
RMSE	7.7704	5.7369	6.77	6.8017
MAE	3.3218	3.3916	4.8344	4.4866
MAPE/%	20.37	25.21	43.86	42.56

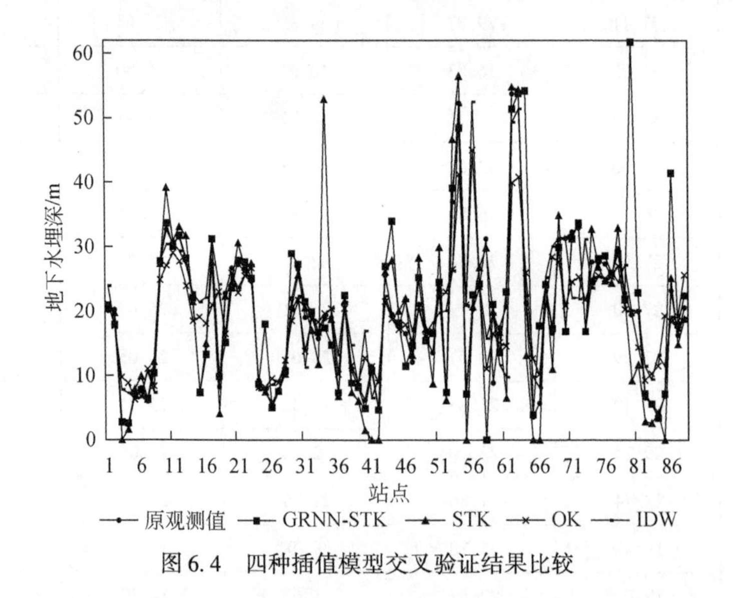

图 6.4　四种插值模型交叉验证结果比较

通过分析表 6.2、表 6.3 及对图 6.4 观察发现，GRNN-STK 插值方法产生的三项误差指标均小于其他三种模型，这充分说明了该模型优于其他三种模型，而且大大提高了插值精度，使得插值结果从整体上更接近于实际的测量值。

6.4.3　2014 年 12 个月的插值结果图

根据本书提出的 GRNN-STK 插值方法，将研究区设置为网格大小 100m×100m。应用所建最优模型，对研究区 2014 年的 12 个月分别进行插值，经 MATLAB 算出插值结果，将结果导入 ArcMAP 进行作图，结果如图 6.5 所示。

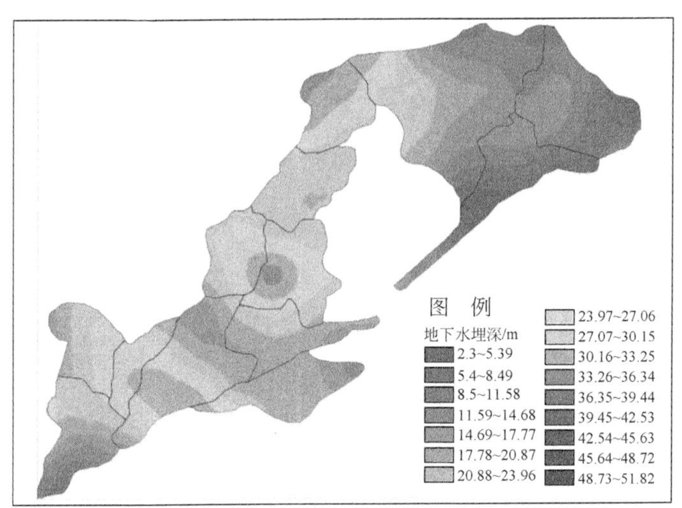

(a)2014年1月插值结果

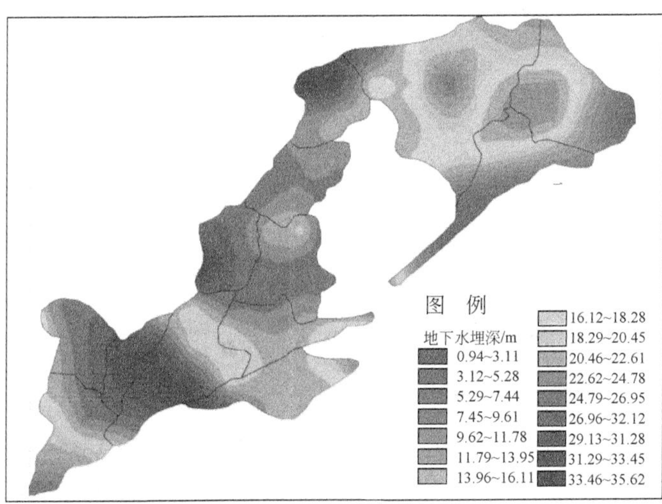

(b)2014年2月插值结果

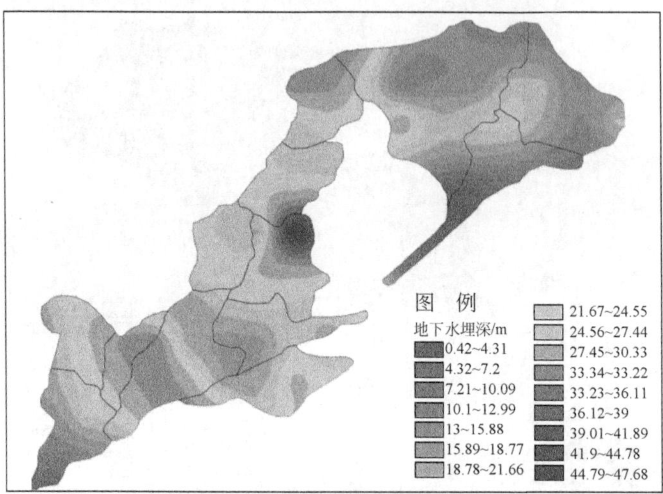

(c)2014年3月插值结果

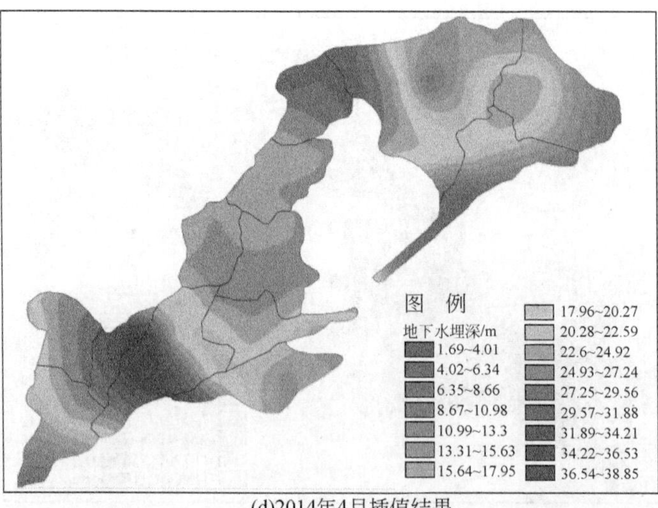

(d)2014年4月插值结果

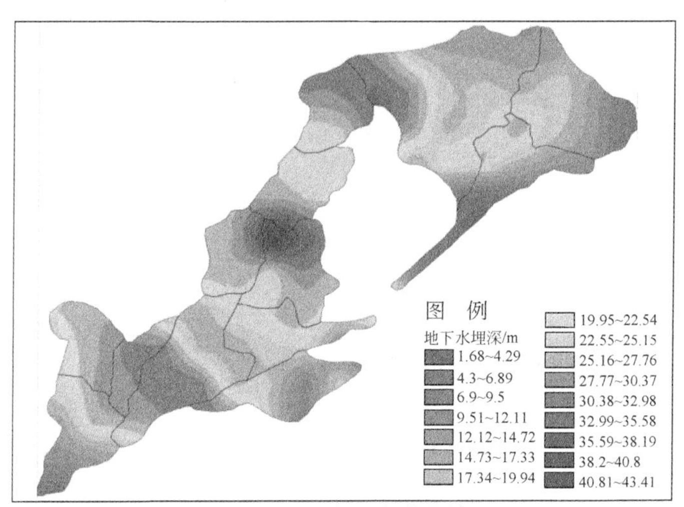

(e)2014年5月插值结果

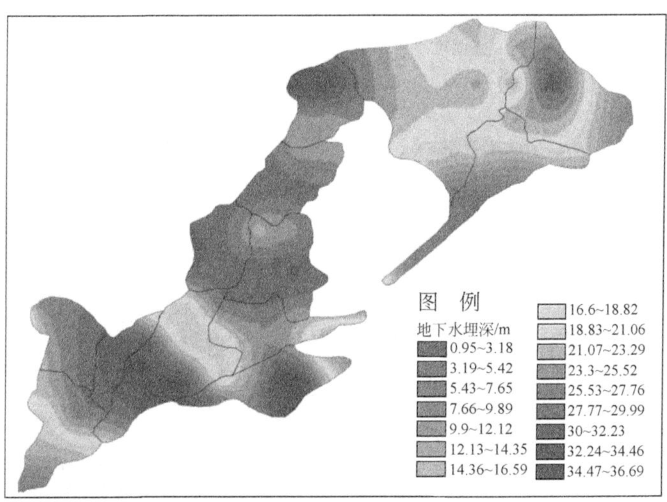

(f)2014年6月插值结果

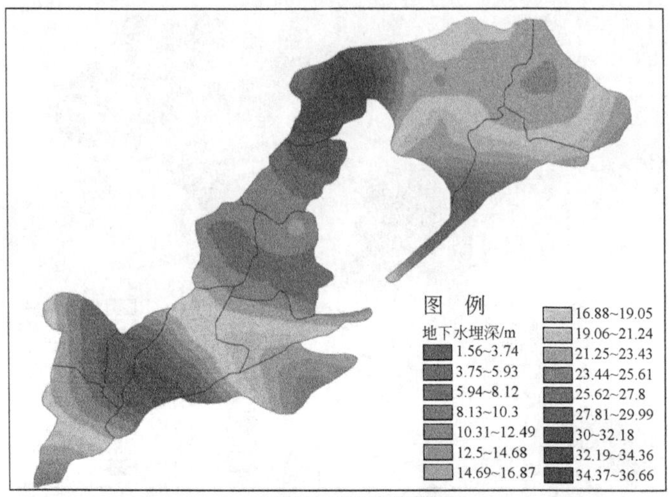

(g)2014年7月插值结果

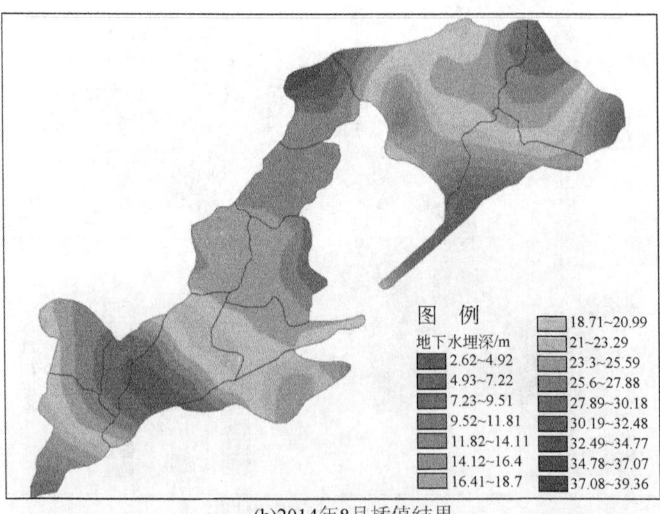

(h)2014年8月插值结果

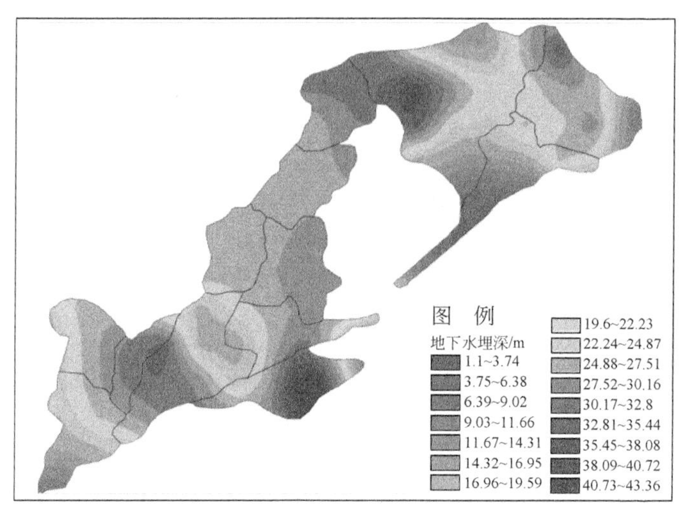

(i)2014年9月插值结果

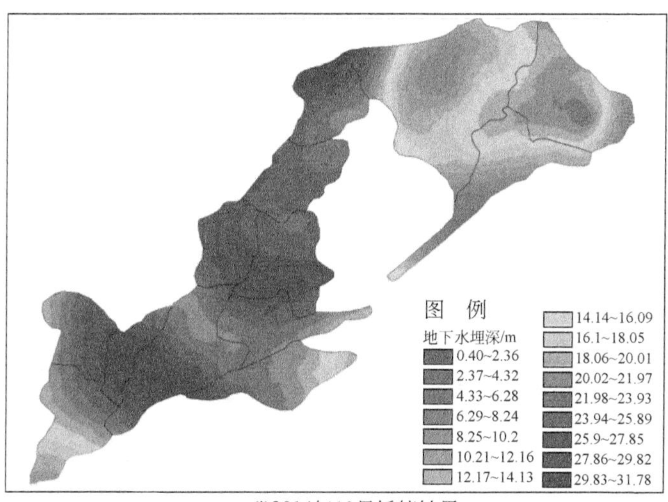

(j)2014年10月插值结果

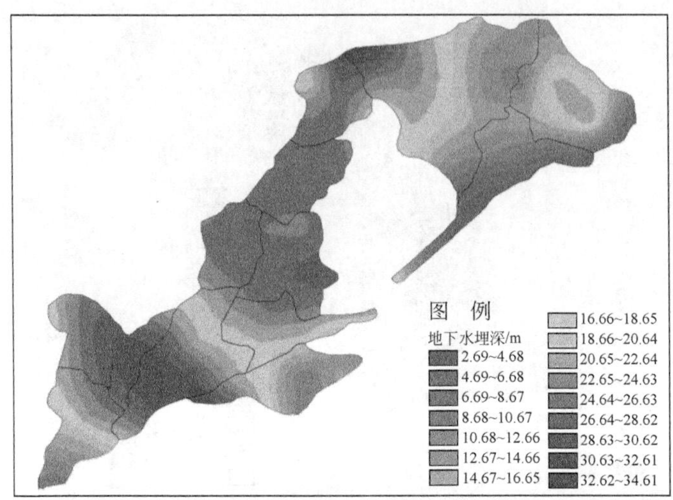

(k)2014年11月插值结果

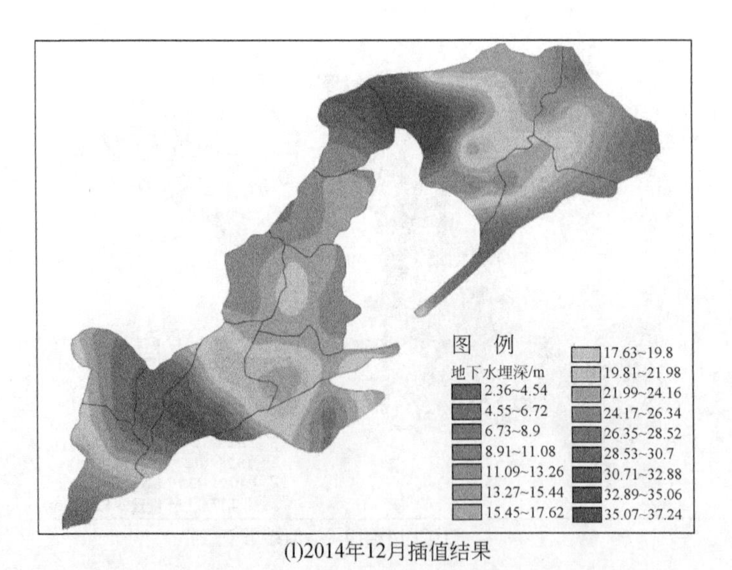

(l)2014年12月插值结果

图 6. 5　研究区 2014 年 1 ~ 12 月的地下水埋深空间分布

6.5 本章小结

时空克里格插值方法充分考虑了空间相关性和时间相关性。由于不同的变异函数模型其插值的效果也有所不同，所以，选用合适的变异函数模型对于提高插值的精度尤为重要。

本书提出了利用 GRNN 神经网络自适应拟合时空变异函数基础上的 GRNN-STK 插值方法。使用该方法与其他三种传统的插值方法均对数据进行了模拟，并且对插值的精度进行了比较。结果表明，GRNN-STK 插值方法较于三种传统的插值方法具有较高的精度，而且，该方法可以避免选择变异函数模型时的主观性，降低参数确定的复杂性，并且能够自适应地预测出时空域内任一点的属性值。因此，GRNN-STK 方法是一种具有普适性、高精度的插值方法。

第7章　结论与讨论

7.1　主要创新点

本书针对地下水埋深时空预测研究中遇到的缺失数据修复问题、多序列预测、时空半变异函数通用性差及插值精度不高的问题，基于混合建模策略，建立了三个混合模型。

1）SOM-FLSSVM 时空缺失数据修复混合模型

针对区域地下水埋深时空监测序列缺失值问题，考虑序列的时空影响，基于“物以类聚，分而治之”的策略，运用 SOM 对完整序列进行学习分类，建立类中心，运用 IID 方法对缺失序列进行归类，运用参数 FOA 算法 LSSVM 构建时空缺失数据混合修复模型 SOM-FLSSVM 后，测试结果表明所建模型有很高精度。

2）M-WA-GRNN 时空序列时域预测模型

针对传统时空序列时域预测中所有序列需费时费力逐一建模的问题，基于多输入多输出非线性多序列预测思想，提出了多输入多输出小波消噪广义回归神经网络混合模型 M-WA-GRNN，测试结果表明新模型精度更高。

3）GRNN-STK 空间插值模型

针对时空插值研究过程中遇到的时空半变异函通用性差，插值精度低的难题，利用广义回归神经网络非线性映射能力、柔性网络结构、高度容错性和鲁棒性，提出了时空半变异函数 GRNN 拟合方法，构建时空半变异函数 GRNN 拟合的时空克里格插值模型 GRNN-STK，实验验证 GRNN-STK 模型有较高的精度。

7.2　不足与展望

本书将混合建模策略应用于地下水埋深时空预测研究中，运用混合模型对监测序列缺失数据进行了修复、对修复后的时空序列进行了时域多步预测、对研究区地下水埋深空间分布进行了时空插值。研究表明混合建模策略的有效性和精准性，研究思路对时空现象分析建模具有重要的指导意义。但是，未来还有很多工作要做。

（1）混合建模在时间序列分析领域取得很多成果，但是在时空序列建模上的应用尚不多见，混合建模策略为复杂时空序列建模带来新的思路。同时，现有的时空混合模型运用于大体量、复杂时空序列数据建模时，需要寻找基于数据驱动的建模方法，这将是一项富有挑战的工作。

（2）混合模型构建策略涉及众多理论，同一时空序列不同的混合建模策略，往往会获得不同预测结果；同一模型运用于不同序列，预测精度也会有差异。时空序列的复杂性和混合建模策略的多样性，给进一步研究带来机遇。

（3）本书的研究，没有考虑影响地下水系统的其他因素，多种影响相互耦合下的地下水埋深时空序列分析是一个需要探索的研究方向。

本书的三个模型应用具有普适性，可以应用在众多领域，但是因为难以获取更多数据，无法在多个数据集上进行广泛验证，普适性尚需进一步探索。基于混合建模时空预测研究还只是一些初步的尝试，在理论支撑上略有不足，有待深入研究，希望能和各位关心时空混合预测模型研究的学者共同努力，使非线性时空混合预测模型更丰富，模型精度更高，从而取得更好的研究成果。

参考文献

安永凯，卢文喜，董海彪，等.2014. 基于克里格法的地下水流数值模拟模型的替代模型研究. 中国环境科学，34（4）：1073-1079.

蔡武，窦林名，李振雷，等.2014. 微震多维信息识别与冲击矿压时空预测——以河南义马跃进煤矿为例. 地球物理学报，57（8）：2687-2700.

常刚，张毅，姚丹亚.2013. 基于时空依赖性的区域路网短时交通流预测模型. 清华大学学报自然科学版，2：215-221.

车金星.2010. 混合预测模型研究. 兰州大学硕士学位论文.

崔锦泰.1995. 小波分析导论. 西安：西安交通大学出版社.

崔书磊.2009. 多智能体最优控制问题研究. 鲁东大学硕士学位论文.

崔亚莉，邵景力，李慈君，等.2003. 玛纳斯河流域山前平原地下水系统分析及其模拟. 水文地质工程地质，30（5）：18-22.

董志高，黄勇.2002. 地下水动态预测模型综述. 西部探矿工程，14（4）：36-38.

管亮，冯新泸.2004. 基于小波变换的信号消噪效果影响因素研究及其Matlab实践. 自动化与仪器仪表，6：43-46.

郭秀娟.2012. Visual Modflow在长春市地下水数值模拟中的应用. 吉林建筑工程学院学报，29（1）：76-78.

韩卫国，王劲峰，高一鸽.2007. 区域交通流的时空预测与分析. 公路交通科技，24（6）：92-96.

郝治福.2006. 石羊河流域邓马营湖区地下水位动态变化特征及数值模拟与预报. 中国农业大学硕士学位论文.

何杉.1999. Processing Modflow软件在地下水污染防治中的应用. 水资源保护，3：16-18.

纪永福，贺访印，李亚.2005. 民勤绿洲水资源状况与生态建设研究. 干旱区研究，22（3）：361-366.

贾义鹏，吕庆，尚岳全.2013. 基于粒子群算法和广义回归神经网络的岩爆预测. 岩石力学与工程学报，32（2）：343-348.

蒋庆.2013. 疏勒河灌区地下水埋深空间插值方法比较. 节约灌溉，7：62-64.

康玲，万葳，姜铁兵.2003. 基于小波分析的水位流量关系曲线求解方法. 华中科技大学学报自然科学版，31（10）：30-31.

李海涛，许学工，肖笃宁.2007. 民勤绿洲水资源利用分析. 干旱区研究，24（3）：287-295.

李莎，舒红，徐正全.2012. 利用时空Kriging进行气温插值研究. 武汉大学学报（信息科学版），37（2）：237-241.

李少亭.2014. 带有辅助信息的混合模型及其应用. 东北师范大学博士学位论文.

李世鹏.2014. 基于时空序列模型的变形分析研究. 长安大学硕士学位论文.

李小玉，肖笃宁.2005. 石羊河流域中下游绿洲土地利用变化与水资源动态研究. 水科学进展，16（5）：643-648.

李宗礼.2007. 干旱内陆河流域水资源危机及其对策研究——以甘肃省石羊河流域为例. 中国科学院寒区旱区环境与工程研究所博士学位论文.

廖梓龙.2013. 包头市地下水动态模拟与调控研究. 中国水利水电科学研究院硕士学位论文.

林辉，郝志峰，蔡瑞初.2007. 基于双时间序列神经网络的短期电网负荷预测. 计算机工程与应用，43（32）：218-220.

刘军，严瑞平.2010. 地下水渗流非构造网格有限差分法数值模拟研究. 黑龙江水专学报，37（1）：21-24.

刘丽花，张树清.2015. 基于GMS的多约束下三维地下水系统可视化模型建构. 中国科学院大学学报，32（4）：506-511.

刘永良，潘国营.2009. 基于Visual Modflow的岩溶水疏降流场模拟和涌水量预测. 河南理工大学学报自然科学版，28（1）：51-54.

卢文喜.2003. 地下水运动数值模拟过程中边界条件问题探讨. 水利学报，34（3）：33-36.

马岚.2009. 石羊河下游民勤盆地地下水位动态模拟及其调控研究. 西北农林科技大学博士学位论文.

毛军，贾绍凤，张克斌.2007. FEFLOW软件在地下水数值模拟中的应用——以柴达木盆地香日德绿洲为例. 中国水土科学，5（4）：44-48.

梅志雄.2010. 应用DRNN和ARIMA组合模型的时空集成预测方法. 小型微型计算机系统，31（4）：657-661.

缪丽娟，刘强，王一舟，等.2010. 连环犯罪的时空预测方法. 南京信息工程大学学报，2（6）：514-518.

秦海力.2008. 群智能算法应用于MAS系统协作的探讨. 计算机仿真，25（7）：141-144.

沈媛媛，蒋云钟，雷晓辉，等.2008. 地下水数值模拟中人为边界的处理方法研究. 水文地质工程地质，35（6）：12-15.

宋冬梅，肖笃宁，张志城.2004. 石羊河下游民勤绿洲生态安全时空变化分析. 中国沙漠，24（3）：335-342.

宋胜利.2009. 混合粒子群协同优化算法及其应用研究. 华中科技大学博士学位论文.

孙从军，韩振波，赵振，等.2013. 地下水数值模拟的研究与应用进展. 环境工程，31（5）：9-13.

孙继成，张旭昇，胡雅杰，等.2010. 基于GIS技术和FEFLOW的秦王川盆地南部地下水数值模拟. 兰州大学学报（自然科学版），46（5）：31-38.

孙雪涛.2004. 民勤绿洲水资源利用的历史现状和未来. 中国工程科学，6（1）：1-9.

田玲玲.2006. 直接边界元法及其在地下水渗流问题中的应用. 西华大学学报（自然科学版），25（1）：44-45.

王浩，陆垂裕，秦大庸，等. 2010. 地下水数值计算与应用研究进展综述. 地学前缘，17（6）：1-12.

王辉赞，张韧，刘巍. 2011. 支持向量机优化的克里格插值算法及其海洋资料对比试验. 大气科学学报，34（5）：567-573.

王佳璆. 2008. 时空序列数据分析和建模. 中山大学博士学位论文.

王佳璆，程涛. 2007. 时空预测技术在森林防火中的应用研究. 中山大学学报（自然科学版），46（2）：110-113.

王劲峰. 2006. 空间分析. 北京：科学出版社.

王全荣，唐仲华，翟莉娟. 2010. MODFLOW 中两种模拟混合井流问题方法的耦合. 水文地质工程地质，37（3）：23-26.

王仕琴，邵景力，宋献方，等. 2007. 地下水模型 MODFLOW 和 GIS 在华北平原地下水资源评价中的应用. 地理研究，26（5）：975-983.

王小川. 2013. MATLAB 神经网络 43 个案例分析. 北京：北京航空航天大学出版社.

王亚华. 2007. 中国治水转型：背景、挑战与前瞻. 水利发展研究，7（9）：4-9.

尉鹏翔. 2011. Visual Modflow 在地下水污染物运移模拟中的应用. 水资源保护，27（4）：19-21.

魏加华，王光谦，李慈君，等. 2003. 在地下水研究中的应用进展水文地质工程地质. 水文地质工程地质，30（2）：94-98.

魏玲玲. 2014. 玛纳斯河流域水资源可持续利用研究. 石河子大学博士学位论文.

魏文清，马长明，魏文炳. 2006. 地下水数值模拟的建模方法及应用. 东北水利水电，24（3）：25-28.

吴娇娇. 2015. 基于时空神经网络模型的瓦斯浓度预测研究. 中国矿业大学硕士学位论文.

吴王文，杨永国，陈优阔. 2015. 基于 LSSVM 优化的 Kriging 方法预测煤厚变化研究. 煤炭技术，34（5）：89-91.

吴文强，李国敏，陈求稳. 2009. 地下水数值模拟中分布式水文模型的耦合应用. 勘察科学技术，5：48-52.

肖震. 2014. GIS 在地下水资源管理方面的应用. 地下水，36（4）：77-78.

谢洪波，钱壮志，尹国勋，等. 2008. 基于 GIS 的焦作市地下水污染预警系统. 地球科学与环境学报，30（1）：94-96.

徐爱萍，胡力，舒红. 2011. 空间克里格插值的时空扩展与实现. 计算机应用，31（1）：273-276.

徐青霞. 2011. 民勤县水资源现状及建议. 发展，（4）：62.

徐薇，黄厚宽，秦勇. 2004a. 基于时空数据挖掘的铁路客流量预测方法. 北京交通大学学报，28（5）：16-19.

徐薇，黄厚宽，秦勇. 2004b. 时空预测算法研究及应用. 计算机科学，31（10）：182-184.

徐薇，黄厚宽，王英杰 . 2005. 一种基于数据融合和方法融合的时空综合预测算法 . 计算机研究与发展，42（7）：1255-1260.

薛禹群 . 1980. 水文地质学的数值法 . 北京：煤炭工业出版社 .

薛禹群，吴吉春 . 1997. 地下水数值模拟在我国回顾与展望 . 水文地质工程地质，4：21-25.

杨旭，黄家柱，陶建岳 . 2005. 基于 GIS 的地下水流可视化模拟系统研究 . 现代测绘，28（2）：12-16.

杨勇，梅杨，张楚天 . 2014. 基于时空克里格的土壤重金属时空建模与预测 . 农业工程学报，30（21）：249-255.

翟远征，王金生，苏小四，等 . 2010. 地下水数值模拟中的参数敏感性分析 . 人民黄河，32（12）：99-101.

张斌，刘俊民 . 2012. 基于 BP 神经网络的地下水动态预测 . 水土保持研究，19（5）：235-237.

张洪财，胡泽春，宋永华，等 . 2014. 考虑时空分布的电动汽车充电负荷预测方法 . 电力系统自动化，38（1）：13-20.

张建锋，刘见宝，崔树军，等 . 2016. 小波-神经网络混合模型预测地下水水位 . 长江科学院院报，33（8）：18-21.

张仁铎 . 2005. 空间变异理论及应用 . 北京：科学出版社 .

张若琳 . 2006. 石羊河流域水资源分布特征及其转化规律 . 中国地质大学（北京）硕士学位论文.

张伟丽，阚燕 . 2011. 运城我国水资源短缺评价进展综述 . 吉林水利，7：36-39.

张晓环 . 2012. GIS 在地下水监测、管理中的应用 . 地下水，34（3）：79-80.

张元禧，施鑫源 . 1998. 地下水水文学 . 北京：中国水利水电出版社 .

张仲荣，王亚领，闫浩文 . 2016. 一种时空混合插值算法及其应用 . 测绘科学，41（12）：265-269.

赵国红，宁立波，王现国 . 2007. 新郑市浅层地下水流数值模拟及评价 . 地下水，29（6）：43-46.

钟华平，卞锦宇，姜蓓蕾 . 2007. 应重视我国地下水的保护和管理 . 科学导报，25（3）：70-73.

朱长军，张娟，李文耀 . 2004. 地下水污染的混合有限分析法数值模拟 . 河北工程大学学报（自然科学版），21（3）：12-13.

祝晓彬，吴吉春，叶淑君，等 . 2005. GMS 在长江三角洲（长江以南）深层地下水资源评价中的应用 . 工程勘察，1：26-29.

Affandi A K，Watanabe K. 2007. Daily groundwater level fluctuation forecasting using soft computing technique. Nature & Science.

Aydilek I B，Arslan A. 2013. A hybrid method for imputation of missing values using optimized fuzzy *c*-means with support vector regression and agenetic algorithm. Elsevier Science Inc，233（4）：

25-35.

Baalousha H M. 2011. Mapping groundwater contamination risk using GIS and groundwater modeling. A case study from the Gaza Strip, Palestine. Arabian Journal of Geosciences, 4 (3): 483-494.

Behnia N, Rezaeian F. 2015. Coupling wavelet transform with time series models to estimate groundwater level. Arabian Journal of Geosciences, 8 (10): 8441-8447.

Carvalho J R P D, Nakai A M, Monteiro J E B A. 2016. Spatio-temporal modeling of data imputation for daily rainfall series in homogeneous zones. Rev. bras. meteorol, 31 (2): 196-201.

Chen F W, Liu C W. 2012. Estimation of the spatial rainfall distribution using inverse distance weighting (IDW) in the middle of Taiwan. Paddy & Water Environment, 10 (3): 209-222.

Chen J, Shao J. 2011. Jack knife variance estimation for nearest- neighbor imputation. Journal of the American Statistical Association, 96 (3): 260-269.

Chen J, Rao J N K, Sitter R R. 2000. Efficient random imputation for missing data in complex surveys. Statistica Sinica, 10 (4): 1153-1169.

Cheng T, Haworth J, Anbaroglu B, et al. 2000. Spatiotemporal Data Mining. Space Time Lab, Department of Civil, Environmental and Geomatic Engineering, UK, University College London, London.

Cismondi F, Fialho A S, Vieira S M, et al. 2013. Missing data in medical databases: impute, delete or classify? Artificial Intelligence in Medicine, 58 (1): 63-72.

Cressie N, Majure J J. 1997. Spatio-temporal statistical modeling of livestock wastes in streams. Journal of Agricultural, Biological and Environmental statistics, 2 (1): 24-47.

Cristianini N, Shawe- Taylor J. 2005. An introduction to support vector machines and other kernel-based learning methods. Beijing: China Machine Press.

Dawoud M A, Darwish M M, El- Kady M M. 2005. GIS- based groundwater management model for Western Nile Delta. Water Resources Management, 19 (5): 585-604.

Delbari M, Motlagh M B, Amiri M. 2013. Spatio- temporal variability of groundwater depth in the Eghlid aquifer in southern Iran. Earth Sciences Research Journal, 17 (2): 105-114.

Donoho D L. 1995. De- Noising by soft- thresholding. IEEE Transactions on inform theory, 41 (3): 613-627.

Drago A F, Boxall S R. 2002. Use of the wavelet transform on hydro- meteorological data. Physics & Chemistry of the Earth Parts A/b/c, 27 (32-34): 1387-1399.

Emamgholizadeh S, Moslemi K, Karami G. 2014. Prediction the groundwater level of Bastam Plain (Iran) by Artificial Neural Network (ANN) and Adaptive Neuro- Fuzzy Inference System (ANFIS). Water Resources Management, 28 (15): 5433-5446.

Fang K A, Xie B. 2011. Research on dealing with missing data based on clustering and association rule. Statistical Research.

Feng L, Nowak G, O'Neill T J, et al. 2014. CUTOFF: A spatio-temporal imputation method. Journal of Hydrology, 519: 3591-3605.

Goldstein D R. 2004. Analyzing Microarray Gene Expression Data. Analyzing microarray gene expression data: 1464-1465.

Gong Y, Zhang Y, Lan S, et al. 2016. A Comparative Study of Artificial Neural Networks, Support Vector Machines and Adaptive Neuro Fuzzy Inference System for Forecasting Groundwater Levels nearLake Okeechobee, Florida. Water Resources Management, 30 (1): 375-391.

Gu Y P, Zhao W J, Wu Z S. 2010. Least squares support vector machine algorithm. Qinghua Daxue Xuebao/journal of Tsinghua University, 50 (7): 1063-1057.

Han J, Liu C. 2013. Fruit fly optimization algorithm based on bacterialchemotaxis. Journal of Computer Applications, 33 (4): 964-938.

Hasan S, Shamsuddin S M. 2011. Multistrategy self-organizing map learning for classification problems. Hindawi Publishing Corp.

Haykin, Simon S. 2009. Neural networks and learning machines. Beijing: China Machine Press.

Hengl T, Heuvelink G B M, Stein A. 2004. A generic framework for spatial prediction of soil variables based on regression-kriging. Geoderma, 120 (1-2): 75-93.

Hsieh W W. 2009. Machine learning methods in the environmental sciences: Neural networks and Kernels. Cambridge: Cambridge University Press.

Iaco S D, Myers D E, Posa D. 2002. Nonseparable Space-Time Covariance Models: Some Parametric Families. Mathematical Geosciences, 34 (1): 23-42.

Jha M K, Sahoo S. 2014. Efficacy of neural network and genetic algorithm techniques in simulating spatio-temporal fluctuations of groundwater. Hydrological Processes, 29 (5): 671-691.

Jim W C. 2001. Assessing catchment scale spatial and ten patterns of groundwater modeling. Hydrogeology Journal, 9 (6): 555-569.

Juan C S, Kolm K E. 1996. Conceptualization, Characterization and Numerical Modeling of the Jackson Hole Alluvial Aquifer Using ARC/INFO and MODFLOW. Engineering Geology, 42 (2-3): 119-137.

Junninen H, Niska H, Tuppurainen K, et al. 2004. Methods for imputation of missing values in air quality data sets. Atmospheric Environment, 38 (18): 2895-2907.

Kalman R E. 1960. A new approach to linear filtering and prediction problems. Journal of Basic Engineering. Basic Eng. Trans. Asme, 82D (1): 35-45.

Kamarianakis Y, Prastacos P. 2005. Space-time modeling of traffic flow. Comprter & Geoscience, 31: 119-133.

Kanevski M, Pozdnukhov A, Timonin V. 2009. Machine learning for spatial environmental data: theory, applications, and software. With CD-ROM. Gazette Astronomique, 26 (8): 337-347.

Kaplan A, Kushnir Y, Cane M A, et al. 1997. Reduced space optimal analysis for historical data sets: 136 years of atlantic sea surface temperatures. Journal of Geophysical Research Oceans, 102860 (15): 835-827.

Karagiannidis A F, Feidas H. 2014. Comparison of six spatial interpolation methods for the estimation of missing daily temperature and precipitation data. Pan-hellenic & International Conference on Meteorology.

Knotters M, Bierkens M F P. 2002. Accuracy of spatio- temporal RARX model predictions of water table depths. Stochastic Environmental Research and Risk Assessment, 16 (2): 112-126.

Kohavi R. 2001. A study of cross-validation and bootstrap for accuracy estimation and model selection. In: International Joint Conference on Artificial Intelligence. Morgan Kaufmann Publishers Inc, 14: 1137-1143.

Kondrashov D, Ghil M. 2006. Spatio-temporal filling of missing points in geophysical data sets. Nonlinear Processes in Geophysics, 13 (2): 151-159.

Kohonen T. 1982. Self-organized formation of topologically correct feature maps. Biological Cybernetics, 43 (1): 59-69.

Kirkpatrick S, Gelatt C D, Vecchi M P. 1983. Science. New Series, Vol. 220, pp: 671-680.

Kirkpatrick S, Vecchi M P. 1987. Optimization by simulated annealing. Spin Glass Theory and Beyond: An Introduction to the Replica Method and Its Applications.

Lei L, Shi W, Fan M. 2009. Water quality evaluation analysis based on improved SOM neural network. Chinese Journal of Scientific Instrument, 30 (11): 2379-2383.

Li J. 2008. A Review of Spatial Interpolation Methods for Environmental Scientists. Record - Geoscience Australia.

Li J, Heap A D, Potter A, et al. 2011. Application of machine learning methods to spatial interpolation of environmental variables. Environmental Modelling & Software, 26 (12): 1647-1659.

Linacre E. 1992. Climate data and resources: A reference and guide. Routledge.

Liwan Q I, Liang G, Tong G. 2014. A Gear Box Fault Diagnosis Method Based on Fruit Fly Optimization Algorithm to Optimize the BP Neural Network. Power System and Clean Energy.

Ma C. 2003a. Families of spatio-temporal stationary covariance models. Journal of Statistical Planning & Inference, 116 (2): 489-501.

Ma C. 2003b. Spatio- temporal stationary covariance models. Journal of Multivariate Analysis, 86 (86): 97-107.

Ma X W, Li B G, Wu C R, et al. 2003. Predicting of temporal- spatial change of groundwater table resulted from current land use in Minqin oasis. Advances in Water Science, 14 (1): 85-90.

Maiti S, Tiwari R K. 2014. A comparative study of artificial neural networks, Bayesian neural networks and adaptive neuro-fuzzy inference systemin groundwater level prediction. Environmental Earth

Sciences, 71 (7): 3147-3160.

Malek M A, Harun S, Shamsuddin S M, et al. 2013. Imputation of Time Series Data via Kohonen Self Organizing Maps in the Presence of Missing Data. Proceedings of World Academy of Science Engineering & Technolog: 502.

Mallat S. 1999. A wavelet tour of signal processing: Wavelet Analysis & Its Applications.

Meng L. 2010. Efficient m-fold cross-validation algorithm for k-nearest neighbors.

Metropolis N, Ulam S. 1953. A Property of Randomness of an Arithmetical Function. American Mathematical Monthly, 60 (4): 252-253.

Mhanna M, Bauwens W. 2012. A stochastic space-time model for the generation of daily rainfall in the Gaza Strip. International Journal of Climatology, 32 (7): 1098-1112.

Mogaji K A, Lim H S, Abdullah K. 2014. Modeling groundwater vulnerability prediction using geographic information system (GIS)-based ordered weighted average (OWA) method and DRASTIC model theory hybrid approach. Arab Journal of the Social Sciences, 7 (12): 5409-5429.

Mukherjee S, Osuna E, Girosi F. 1997. Nonlinear prediction of chaotic time series using support vector machines. Neural networks for signal processing: 511-520.

Müller K R, Smola A J, Rätsch G, Schölkopf B, et al. 1997. Predicting Time Series with Support Vector Machines. Advances in kernel methods support vector learning: 243-254.

Narravula A, Vadlamani R. 2011. A novel soft computing hybrid for data imputation.

Nourani V, Alami M T, Vousoughi F D. 2015. Wavelet-entropy data pre-processing approach for ANN-based groundwater level modeling. Journal of Hydrology, 524: 255-269.

Oliver M A, Webster R. 1990. Kriging: A method of interpolation for geographical information systems. International Journal of Geographical Information Systems, 4 (3): 313-332.

Pan J, Pan T. 2011. A new evolutionary computation approach: Fruit fly optimization algorithm. Conference of Digital Technology and innovation Management Tai-pei.

Pan W T. 2012. A new Fruit Fly Optimization Algorithm: Taking the financial distress model as an example. Knowledge-Based Systems, 26 (2): 69-74.

Patle G T, Singh D K, Sarangi A, et al. 2015. Time series analysis of groundwater levels and projection of future trend. Journal of the Geological Society of India, 85 (2): 232-242.

Patrick J, Harvill J, Hansen C. 2016. A semi-parametric spatio-temporal model for solar irradiance data. Renewable Energy, 87: 15-30.

Pfeifer P E, Deutsch S J. 1980a. Identification and interpretation of first order space-time ARMA models. Technometrics, 22 (3): 397-408.

Pfeifer P E, Deutsch S J. 1980b. A Three-Stage Iterative Procedure for Space-Time Modeling. Technometrics, 22 (1): 35-47.

Pfeifer P E, Deutsch S J. 1981. Variance of the sample-time autocorrelation function of contemporaneously correlated varables. SIAM Journal of Applied Mathematics，40（1）：133-136.

Plaia A，Bondì A L. 2006. Single imputation method of missing values in environmental pollution data sets. Atmospheric Environment，40（38）：7316-7330.

Poloczek J，Treiber N A，Kramer O. 2014. KNN regression as geo-Imputation method for spatio-temporal wind data，299：185-193.

Pozdnoukhov A，Matasci G，Kanevski M，et al. 2011. Spatio-temporal avalanche forecasting with support vector machines. Natural Hazards & Earth System Sciences，11（2）：367-382.

Racine J. 1993. An efficient cross-validation algorithm for window width selection for nonparametric kernel regression. Communication in Statistics-Simulation and Computation，22（4）：1107-1114.

Rumelhart D，McClelland I. 1986. Parallel Distributed Processing. Vol. 1：Foundation. Cambridge，MA：MIT Press.

Sahoo S，Jha M K. 2013. Groundwater-level prediction using multiple linear regression and artificialneural network techniques：A comparative assessment. Hydrogeology Journal，21（8）：1865-1887.

Schneider T. 2001. Analysis of incomplete climate data：estimation of mean values and covariance matrices and imputation of missing values. Journal of Climate，14（5）：853-871.

Schucany H W R. 1989. A local cross-validation algorithm. Statistics Probability Letters，8（2）：109-117.

Shukur O B，Lee M H. 2015. Imputation of missing values in daily wind speed data using hybrid AR-ANN method. Modern Applied Science，9（11）：1.

Smith T M，Reynolds R W，Livezey R E，et al. 1996. Reconstruction of historical sea surface temperatures using empiric alorthogonal functions. Journal of Climate，9（6）：1403-1420.

Specht D F. 1991. A general regression neural network. IEEE Transactions on Neural Networks，2（6）：568-576.

Specht D F. 2002. Probabilistic neural networks and the polynomial Adaline as complementary techniques for classification. IEEE Transactions on Neural Networks，1（1）：111-121.

Sun H G，Deng H. 2016. Study on the sample autocorrelation coefficient and partial autocorrelation coefficient. Journal of Bengbu University.

Suryanarayana C，Sudheer C，Mahammood C，et al. 2014. An integrated wavelet-support vector machine for groundwater level prediction in Visakhapatnam，India. Neurocomputing，145（18）：324-335.

Tapoglou E，Karatzas G P，Trichakis I C，et al. 2014. A spatio-temporal hybrid neural network-Kriging model for groundwater level simulation. Journal of Hydrology，519：3193-3203.

Tian J，Yu B，Yu D，et al. 2014. Missing data analyses：A hybrid multiple imputation algorithm using gray system theory and entropy based on clustering. Applied Intelligence，40（2）：376-388.

Tobler W R. 1970. A computer movie simulating urban growth in the Detroit Region, Economic Geography, 46 (Supp 1): 234-240.

Vanem E, Huseby A B, Natvig B. 2012. Modelling ocean wave climate with a Bayesian hierarchical space-time model and a log-transform of the data. Ocean Dynamics, 62 (3): 355-375.

Vrugt J A, Gupta H V, Nualláin B Ó, et al. 2006. Real-timedata assimilation for operational ensemble stream flow forecasting. J. Hydrometeorol, 7: 548-564.

Vapnik, V. 1998. Statistical learning theory. (Vol. 3) . New York, NY: Wiley, 1998: Chapter 10-11, pp. 401-492

Wang H Z, Ren Z, Wei L. 2008. Improved interpolation method based on singular spectrum analysis iteration and its application to missing data recovery. Applied Mathematics and Mechanics, 29 (10): 1351-1361.

Wang H, Hu Z, Zhang Y, et al. 2014. A hybrid modelfor short-term wind speed forecasting based on ensemble empirical mode decomposition and least squares support vector machines. Transactions of China Electrotechnical Society, 29 (4): 237-245.

Wang Q, Shi J, Chen G, et al. 2002. Environmental effects induced by human activities in arid Shiyang River basin, Gansu province, northwest China. Environmental Geology, 43 (1-2): 219-227.

Wang Q, Wang C, Feng Z Y, et al. 2012. Review of K-means clustering algorithm. Electronic Design Engineering.

Wang W S, Jin J L, Ding J, et al. 2009. A new approach to water resources system assessment: Set pair analysis method. Science China Technological Sciences, 52 (10): 3017-3023.

Wang X C, Shi F, Yu L, et al. 2013. The 43 cases analysis of neural networkby MATLAB. Beijing: Beihang University Press.

Wu X, Li Q. 2013. Research of optimizing performance of fruit fly optimization algorithm and five kinds of intelligent algorithm. Fire Control & Command Control.

Xie L, Gu Y, Zhu X, et al. 2014. Short-term spatio-temporal wind power forecast in robust look-ahead power system dispatch. IEEE Transactions on Smart Grid, 5 (1): 511-520.

Xu W, Zou Y, Zhang G, et al. 2014. A comparison among spatial interpolation techniques for daily rainfall data in Sichuan Province, China. International Journal of Climatology, 35 (10): 2898-2907.

Yang D, Dong Z, Reindl T, et al. 2014a. Solar irradiance forecasting using spatio-temporal empirical kriging and vector autoregressive models withparameter shrinkage. Solar Energy, 103: 550-562.

Yang Y, Mei Y, Zhang C, et al. 2014b. Spatio-temporal modeling and prediction of soil heavy metal based on spatio-temporal Kriging. Nongye Gongcheng Xuebao/transactions of the Chinese Society of Agricultural Engineering, 30 (2): 249-255.

Yang Q, Hou Z, Wang Y. 2015. A comparative study of shallow groundwater level simulation with WA-ANN and ITS model in a coastal island of south China. Arabian Journal of Geosciences, 2015, 8 (9): 1-11.

Young R, Johnson D R. 2015. Handling missing values in longitudinal panel data with multiple imputation. Journal of Marriage and Family, 77 (1): 277-294.

Yozgatligil C, Aslan S, Iyigun C, et al. 2013. Comparison of missing value imputation methods in time series: The case of turkish meteorological data. Theoretical and Applied Climatology, 112 (1): 143-167.

Zainudin M L, Saaban A, Bakar M N A. 2015. Estimation of missing values in solar radiation data using piecewise interpolation methods: Case study at Penang city. Innovation & Analytics Conference & Exhibition, 1691 (1): 217-221.

Zhang Z R, Liu J P, Fei K D, et al. 2013. Improved particle swarm optimization algorithm and its application based on the aggregation degree. Applied Mechanics & Materials, 427-429: 1934-1938.

Zhang Z R, Song Y L, Liu F, et al. 2016. daily average wind power interval forecasts based on an optimal adaptive- network- based fuzzy inference system and singular spectrum analysis. Sustainability, 8 (2): 125.

Zhang Z R, Yang X, Li H, et al. 2017. Application of a novel hybrid method for spatiotemporal data imputation: a case study of the Minqin County groundwater level. Journal of Hydrology, 553: 384-397.

Zhang Y, Chen S, Wan Y. 2009. An intelligent algorithm based on grid searching and cross validation and its application in population analysis. 2009 International Conference on Computational Intelligence and Natural Computing. IEEE.

彩　图

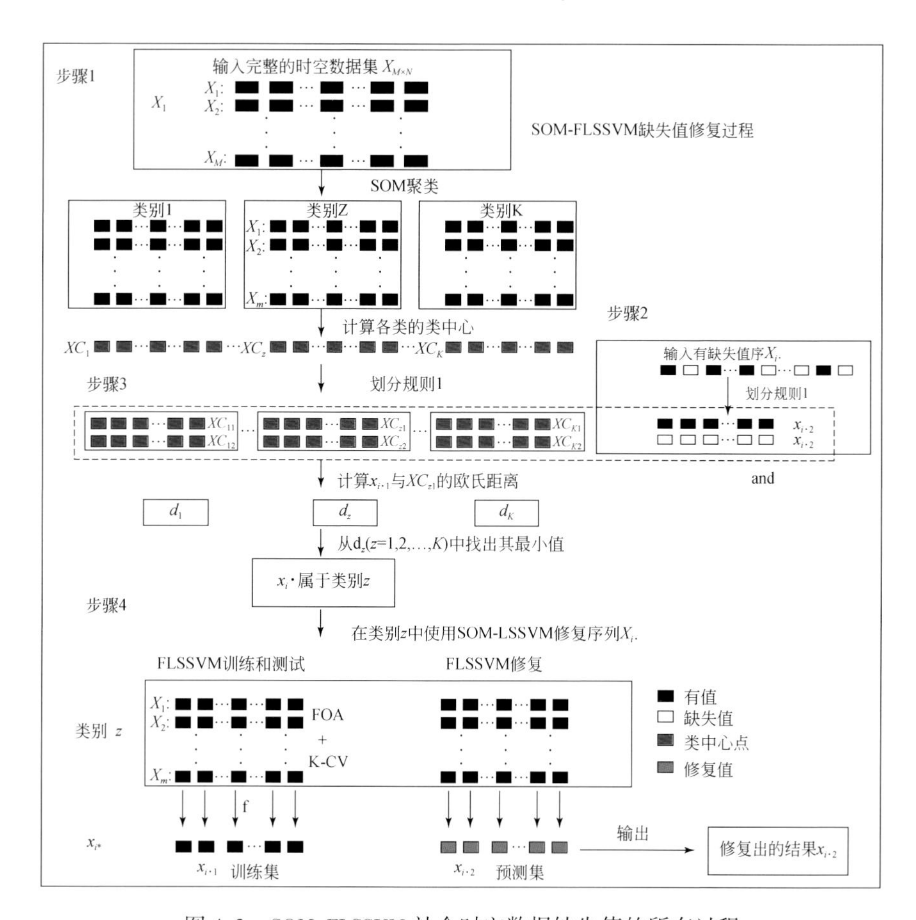

图 4.3　SOM-FLSSVM 补全时空数据缺失值的所有过程

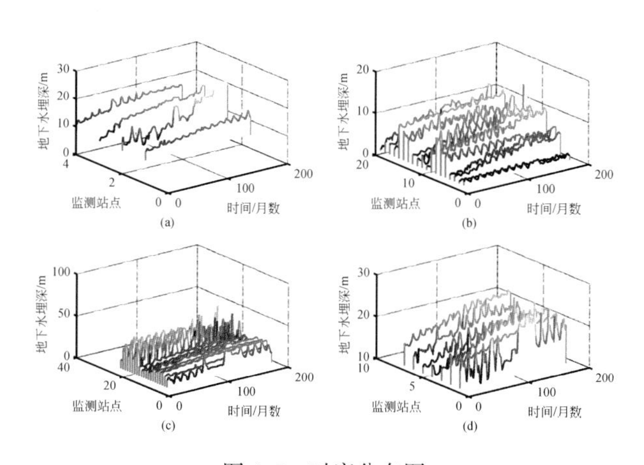

图 4.5　时序分布图

(a), (b), (c), (d) 分别为类别一、二、三和四的序列分布图

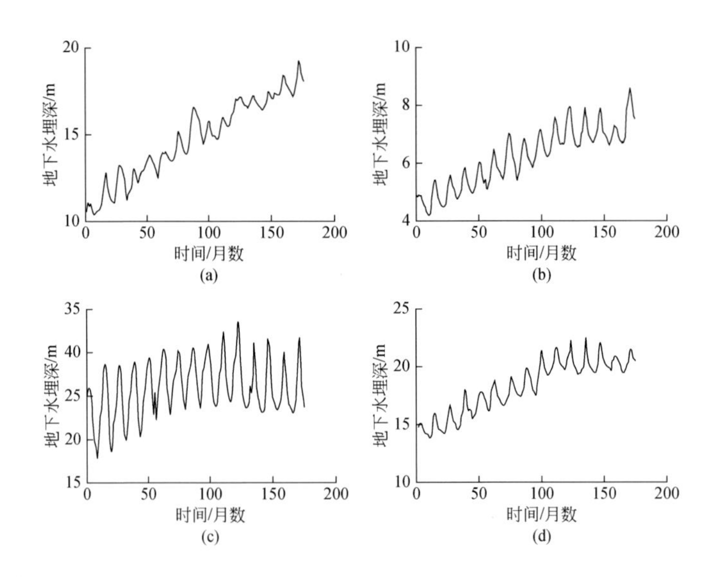

图 4.6 类中心序列时序图

（a），（b），（c），（d）分别为类别一、二、三和四的类中心序列时序图

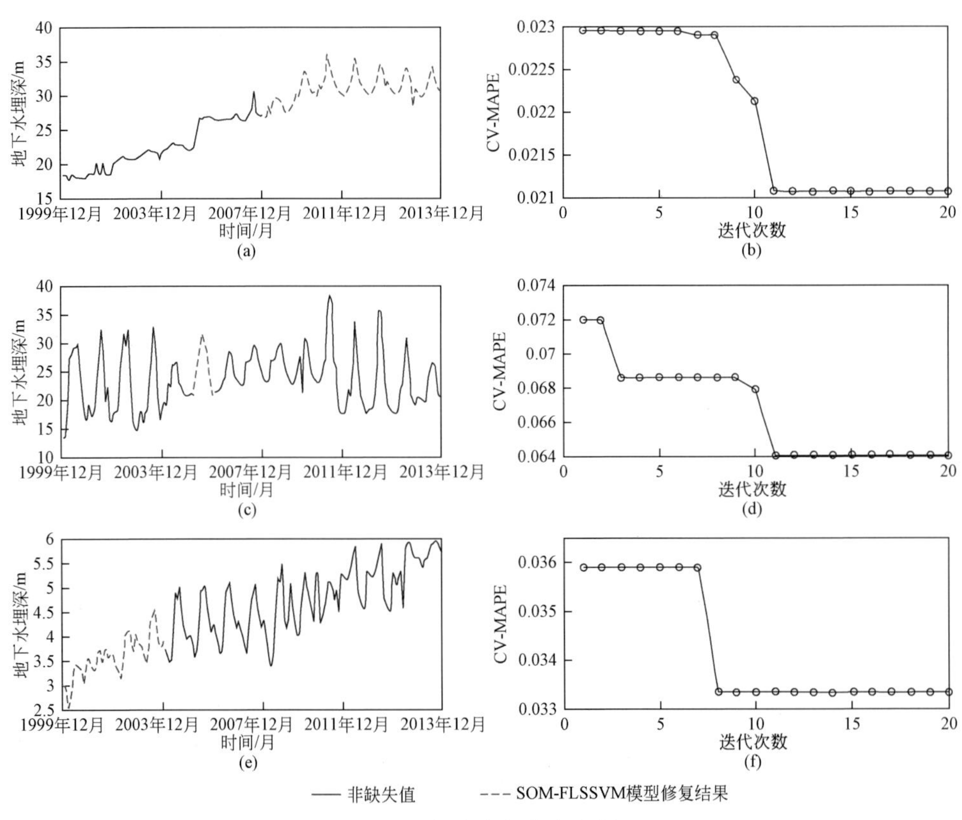

图 4.7 缺失数据修复实例

（a）、（c）、（e）的红色部分为运用 SOM-FLSSVM 方法对 ms1，ms2 和 ms3 三个站点缺失值插值的结果；（b）、（d）、（f）为对应的插值参数寻优过程

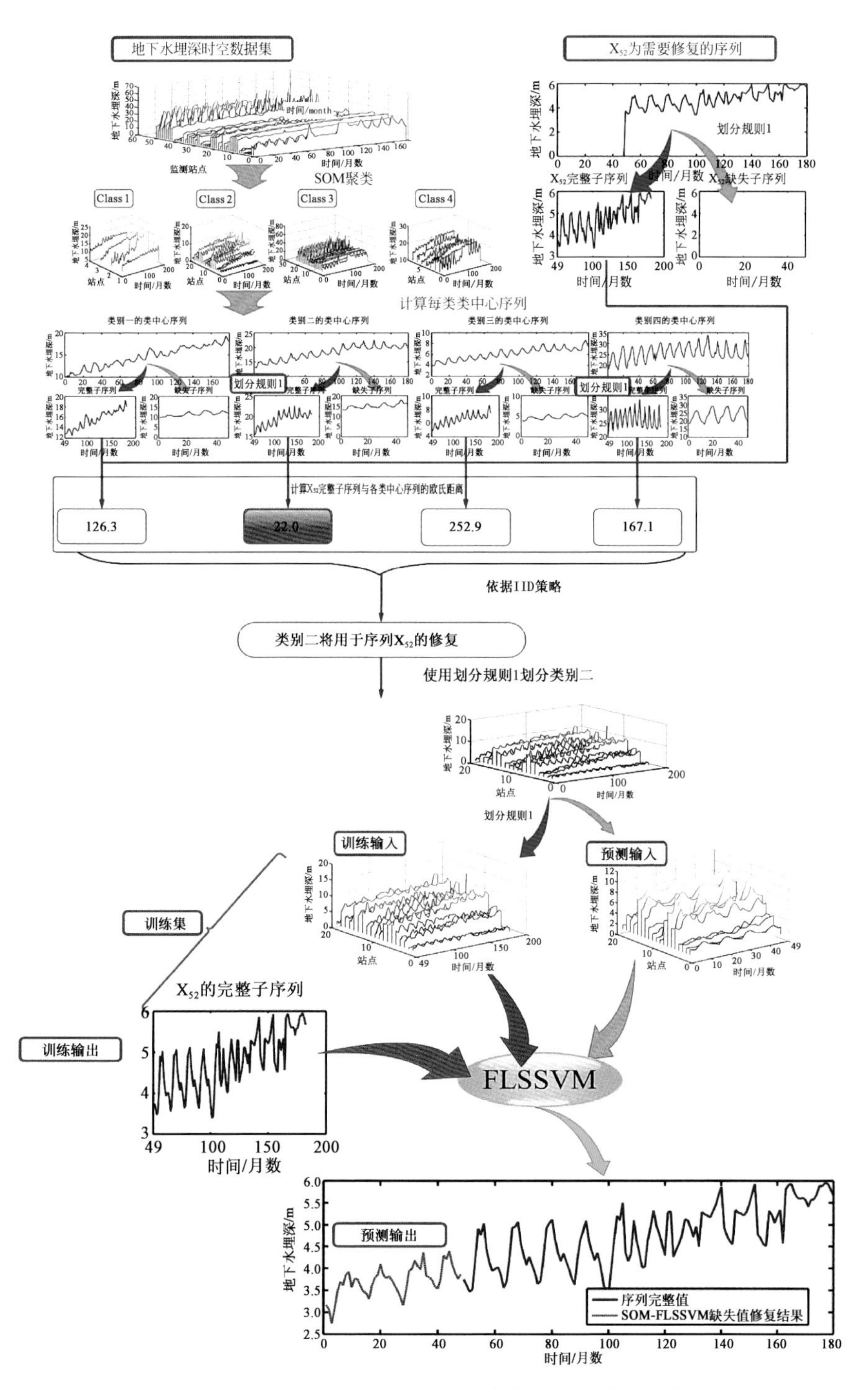

图 4.12 一个 SOM-FLSSVM 数据缺失类型修复实例

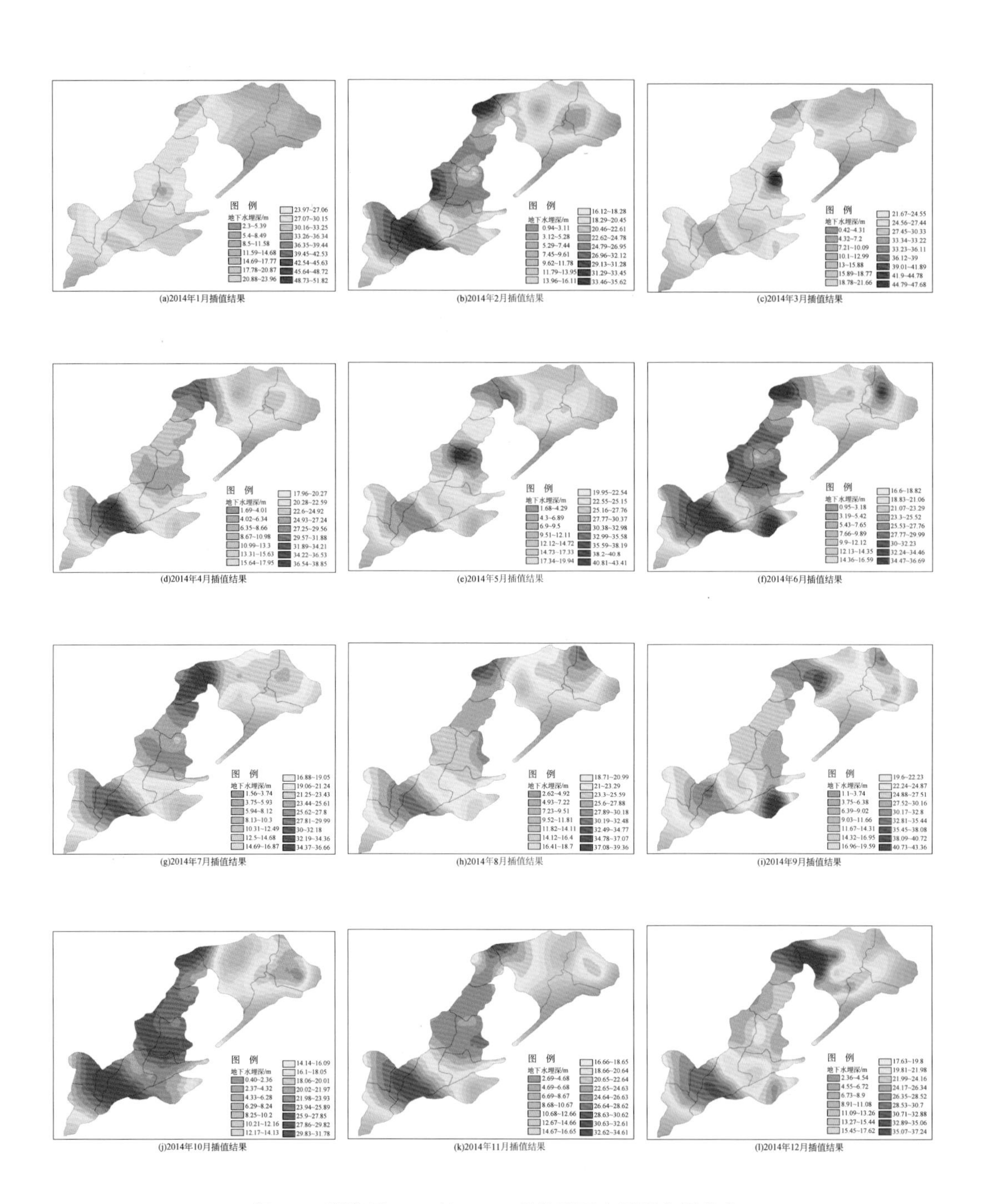

图 6.5　研究区 2014 年 1 ~ 12 月的地下水埋深空间分布